U0168155

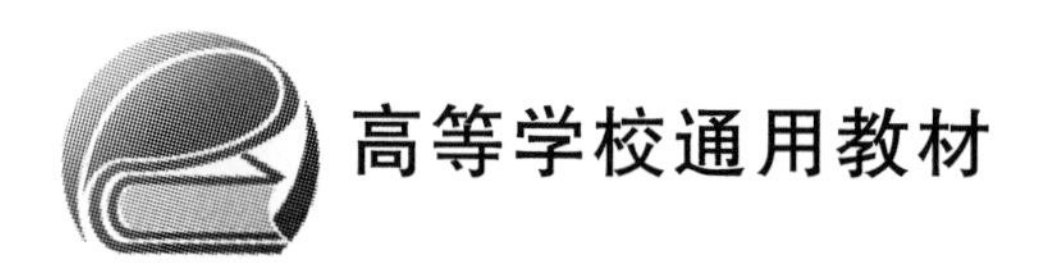

模拟电子技术实验指导书

（第2版）

范秀香　编著

北京航空航天大学出版社

内 容 简 介

本书为普通高等教育实验实训规划教材，共分为4章，主要内容包括模拟电子技术基础实验、模拟电子技术验证型实验、模拟电路仿真实验及模拟电子技术设计型实验。本书注重基础知识，精选内容，实用性强。在内容上紧扣实践教学的要求，以便达到强化训练及培养创新的目的。可根据专业及学时的不同，对实验内容进行选择。

该书采用实验报告原始数据便撕式设计，学生在写实验报告时可直接粘贴操作时的原始数据，节省时间，方便分析，突出实验数据的详实性。

本书可作为高等院校电气信息类(含电气类、电子类)等专业的实验教材，也可供从事电工电子技术研究的有关人员参考使用。

图书在版编目(CIP)数据

模拟电子技术实验指导书 / 范秀香编著. -- 2版. -- 北京 : 北京航空航天大学出版社, 2021.8

ISBN 978-7-5124-3552-0

Ⅰ. ①模… Ⅱ. ①范… Ⅲ. ①模拟电路—电子技术—实验—高等学校—教学参考资料 Ⅳ. ①TN710-33

中国版本图书馆CIP数据核字(2021)第126806号

模拟电子技术实验指导书(第2版)

范秀香 编著

策划编辑 陈守平 责任编辑 王慕冰

*

北京航空航天大学出版社出版发行

北京市海淀区学院路37号(邮编100191) http://www.buaapress.com.cn

发行部电话:(010)82317024 传真:(010)82328026

读者信箱: goodtextbook@126.com 邮购电话:(010)82316936

北京宏伟双华印刷有限公司印装 各地书店经销

*

开本:787×1 092 1/16 印张:7 字数:179千字

2021年8月第2版 2021年8月第1次印刷 印数:3 000册

ISBN 978-7-5124-3552-0 定价:19.80元

若本书有倒页、脱页、缺页等印装质量问题，请与本社发行部联系调换。联系电话:(010)82317024

前　言

在电子技术飞速发展及广泛应用的今天，在高等院校教学改革和培养人才的整个过程中，实践教学越来越被重视。为了加强学生动手能力的训练、提高学生的创新能力，在编写本书的过程中，力求做到让实验成为学生理解知识、获取知识、巩固知识的重要方法。

模拟电子技术基础课程是电气信息类及其他相近专业的一门重要技术基础课程，具有较强的工程实践性。模拟电子技术实验是针对模拟电子技术课程设置的一门独立的实践课程。为了满足培养大学生综合能力、实践能力、创新能力和知识运用能力等方面的需求，我们在原有的《模拟电子技术实验指导书》的基础上进行了修订。增加了"模拟电路仿真实验"的内容，使学生能够采用电子电路仿真软件对电子电路进行仿真研究，甚至可以改变电路参数来进行实验，以便更好地查找和解决实际操作中出现的问题，分析实际操作中数据的正确性。

本书将原来的综合设计型实验改成设计型实验，增加了设计内容，可以在覆铜板上进行手画或者热转印，也可以在洞洞板上搭接电路，还可以在面包板上插接电路来进行设计实验。培养学生具有设计电子电路的能力，并根据设计要求选择元器件。通过设计型实践教学训练，可以激发学生参加各类电子设计竞赛的积极性，并为选拔、培养和输送人才做好准备及创造条件。

本书由湖北工业大学范秀香主编，编写过程中，作者借鉴了一些优秀教材和技术专家的宝贵经验，同时得益于学院各个时期从事模拟电子实验教学的老师们教学成果的启示，并且在整理资料时得到了学生们的帮助，在此向他们表示衷心的感谢。

虽然在教学工作中辛勤耕耘了很多年，但限于编者水平，书中仍可能存在不足之处，恳请同行专家和广大读者批评指正。

范秀香

2021 年 5 月

目　录

第 1 章　模拟电子技术基础实验

实验一　仪器仪表的使用方法

一、实验目的

① 了解基本电子仪器的主要技术指标、主要性能以及面板上各种量程开关的功能。

② 掌握实验室主要仪器的使用方法。

二、实验仪器

① 数字万用表	一块
② 函数信号发生器	一台
③ 数字示波器	一台
④ 直流稳压电源	一台
⑤ 模拟电子技术实验箱	一台

三、实验内容

在模拟电子技术实验中，通常会使用到数字万用表、函数信号发生器、数字示波器、直流稳压电源等。下面我们来了解一下常用仪器仪表的使用方法。

1. 数字万用表

数字万用表见图 1 - 1，它可用来测量直流电压和交流电压、直流电流和交流电流、电阻、电容、频率等参数，以及二极管、三极管的通断测试。

(1) 操作前的注意事项

① 请注意检查电池电量是否充足，将量程开关置于所需测量的位置，如果电量不足，则 LCD 显示屏上会出现“[-+]”符号。注意测试笔插口旁边的符号“⚠”，这是警告要留意测试电压和电流不要超出指示数值。各量程测量时，禁止输入超过量程的极限值。

② 36 V 以下的电压为安全电压，在测量高于 36 V 直流电压、25 V 交流电压时，要检查表笔是否可靠接触、是否正确连接、是否绝缘良好等，以避免电击。电阻挡不能用于测量电压。

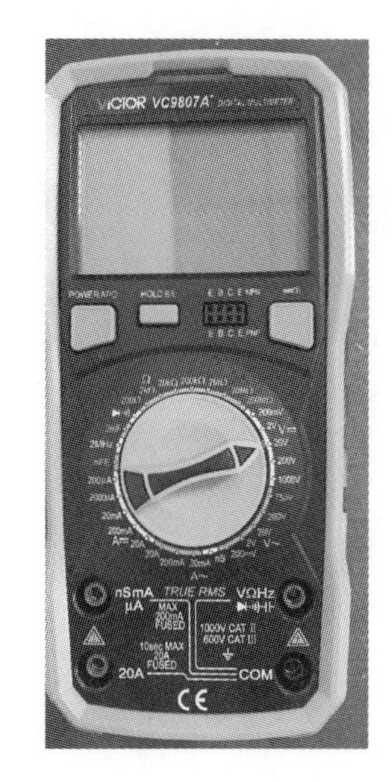

图 1 - 1　数字万用表

③ 转换功能和量程时，表笔应离开测试点。选择正确功能和量程，谨防误操作，该仪表虽然有全量程保护功能，但为了

安全起见,仍请多加注意。

④ 在电池没有装好和后盖没有上紧时,请不要使用此表进行测试工作;在更换电池或保险丝前,请将测试表笔从测试点移开。

(2) 数字万用表的使用

① 直流电压测量。将黑表笔插入"COM"插孔,红表笔插入"VΩHz ▶|·))⊣⊢"插孔;将量程开关转至"V ⎓"量程上,然后将测试表笔跨接在被测电路测试点上,红表笔所接的该点电压值显示在屏幕上。⚠注意:若事先对被测电压范围没有概念,则应将量程开关转至最高的挡位,然后根据显示值转至相应挡位上,若屏幕显示"OL",则表明已超过量程范围,须将量程开关转至相应挡位上。

② 交流电压测量。将黑表笔插入"COM"插孔,红表笔插入"VΩHz ▶|·))⊣⊢"插孔;将量程开关转至"V～"上,⚠注意事项及操作说明均与直流电压测量相同。

③ 直流电流测量。将黑表笔插入"COM"插孔,红表笔插入"nSmAμA"插孔(最大为200 mA),或红表笔插入"20 A"(最大为20 A)插孔。将量程开关转至相应"A ⎓"挡位上,然后将仪表串入待测回路中,被测电流值及红色表笔接触点的直流电流值显示在屏幕上。⚠注意:若事先对被测电流范围没有概念,则应将量程开关转至最高的挡位,然后根据显示值转至相应挡位上,若屏幕显示"OL",则表明已超过量程范围,须将量程开关转至相应挡位上。最大输入电流为200 mA或者20 A(视红表笔插入位置而定)。过大的电流将会损坏mA挡的保险丝,在测量挡位20 A时千万要小心,每次测量时间不得大于10 s,过大的电流将使电路发热,甚至损坏仪表。

④ 交流电流测量。将黑表笔插入"COM"插孔,红表笔插入"nSmAμA"插孔(最大为200 mA),或红表笔插入"20 A"(最大为20 A)插孔。将量程开关转至"A～"上,⚠注意事项及操作说明均与直流电流测量相同。

⑤ 电阻测量。将黑表笔插入"COM"插孔,红表笔插入"VΩHz ▶|·))⊣⊢"插孔,将量程开关转至"Ω"挡,然后将两表笔跨接在被测电阻上,从显示器上读取测量结果。若被测电阻开路或者阻值超过所选的量程值,则屏幕会显示"OL",这时应将开关转至相应量程挡位上;当测量电阻值超过1 MΩ时,读数需几秒才能稳定,这在测量高电阻时是正常的。必须将被测电路所有电源关断且所有电容完全放电,才能保证测量值的正确。请勿在电阻量程测量电压,这是绝对禁止的,虽然仪表在该挡位上有电压防护功能。

⑥ 电容测量。将黑表笔插入"COM"插孔,红表笔插入"VΩHz ▶|·))⊣⊢"插孔,将量程开关转至2 mF电容挡,表笔对应极性(注意红表笔极性为"+")接入被测电容,从显示器上读取测量结果。电容挡量程为自动转换,若屏幕显示"OL",则表明已超过量程范围,最大测量值为2 mF。测量大电容时,读数需几秒才能稳定,这在测量大电容时是正常的。

⑦ 三极管hFE。将量程开关置于"hFE"挡,决定所测晶体管为NPN型还是PNP型,将发射极、基极、集电极分别插入相应插孔,从显示屏上读取测量结果即为三极管的放大倍数。

⑧ 二极管及通断测试。将黑表笔插入"COM"插孔,红表笔插入"VΩHz ▶|·))⊣⊢"插孔(注意红表笔极性为"+");将量程开关转至"▶|·))"挡,并将表笔连接到待测试二极管两端,读数为二极管正向压降的近似值,对于硅PN结而言,一般情况下500～800 mV认为是正常值;若被测二极管开路或极性反接,则显示"OL"。将表笔连接到待测线路的两点,蜂鸣器发声且通断报警

指示灯亮，则两点之间的电阻值低于(50±20) Ω。⚠**注意**：禁止“▶|·))”挡输入电压，以免损坏仪表。

⑨ 频率测量。将黑表笔插入“COM”插孔，红表笔插入“VΩHz ▶|·))⊣⊢”插孔，将量程开关转至频率挡上，将表笔或电缆跨接在信号源或被测负载上。⚠注意：输入电压的有效值超过 10 V 时，可以读数，但不保证准确度；在噪声环境下，测量小信号时最好使用屏蔽电缆；在测量高电压时，特别要注意避免触电；禁止输入超过 250 V 直流或交流峰值的电压值，以免损坏仪表；此频率挡为自动量程测试，可测量程范围为 10 Hz～2 MHz。

2. 函数信号发生器

键盘说明：如图 1－2 所示，仪器前面板上共有 20 个按键，键体上的字(实物上为黑色)表示该键的基本功能，直接按键即可执行基本功能。键上方的字(实物为蓝色)表示该键的上挡功能，首先按蓝色键“Shift”，屏幕右下方显示“S”，再按某一键可执行该键的上挡功能。其他功能键可参考使用指南。

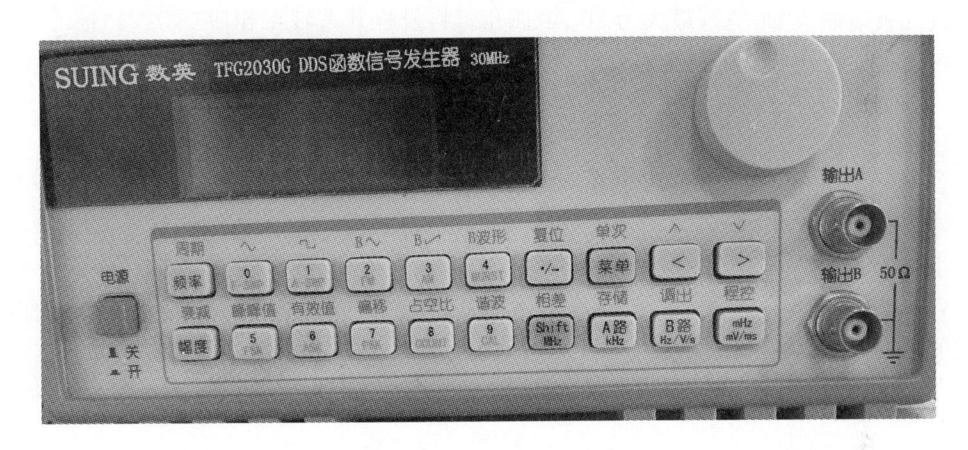

图 1－2　函数信号发生器

(1) 开机状态

由微电脑控制的预置开机状态：“输出 A”路输出频率为 1 000 Hz 的正弦波，幅度为 1 V(峰-峰值)。在此状态下，可直接改变频率大小。

(2) 调整频率

按“频率”键，进入频率调整状态。

① 间断调节：直接按所需要频率的数字，再按“Hz”或者“kHz”键。

② 连续调节：按“＜”或者“＞”键，数字上方会出现一个黑三角，继续按“＜”或者“＞”键，将黑三角移动到所需改变的位数上，旋动“电子调节”大旋钮，可以连续调节频率。

(3) 调整幅度

按“幅度”键，进入幅度调整状态。

① 间断调节：直接按所需要幅度的数字，再按“V”或者“mV”键。

② 连续调节：按“＜”或者“＞”键，数字上方会出现一个黑三角，继续按“＜”或者“＞”键，将黑三角移动到所需改变的位数上，旋动“电子调节”大旋钮，可以连续调节幅度。

(4) 信号波形

函数信号发生器按需要可以输出正弦波、方波、三角波等信号波形。输出电压的峰-峰值最大可达20 V,输出信号幅度的有效值和峰-峰值可以互相切换,在屏幕上可以直接读出数据。

3. 数字示波器

示波器是一种用途很广的电子测量仪器,不仅可以对电信号进行各种参数的测量,同时还可以显示出电信号的各种波形。示波器可分为两大类:模拟示波器和数字示波器。模拟示波器以连续方式将被测信号显示出来;数字示波器首先将被测信号抽样和量化,变为二进制信号存储起来,再从存储中取出信号的离散值,通过算法将离散的被测信号以连续的形式在屏幕上显示出来。现在主要以数字示波器为例,其面板如图1-3所示。

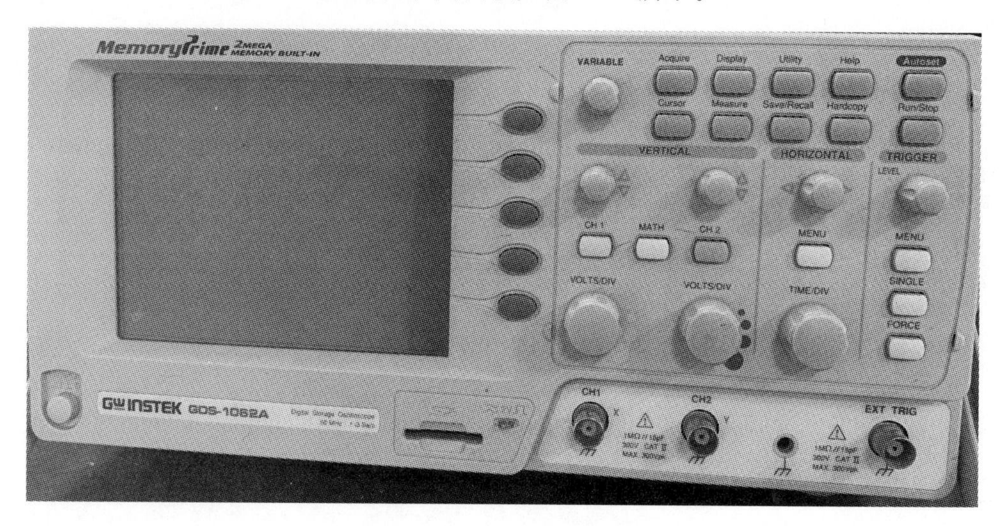

图1-3 数字示波器面板

(1) 工作方式选择

"CH1"通道:信号从左下方CH1通道输入,内触发选择"CH1",切换面板上的黄色按钮,使屏幕上出现黄色波形,再按一下此按钮,黄色波形消失。

"CH2"通道:信号从右下方CH2通道输入,内触发选择"CH2",切换面板上的蓝色按钮,使屏幕上出现蓝色波形,再按一下此按钮,蓝色波形消失。

"组合"方式即按白色"MATH"键。

(2) 幅度调整(Y轴方向调整,VOLTS/DIV旋钮)

① 当垂直方向信号过大或者过小时,需要进行幅度调整。左旋幅度减小,右旋幅度增大。

② 示波管垂直方向每一大格代表的幅度与幅度旋钮的指示相对应。

③ 测量幅度时,VOLTS/DIV旋钮的微调应向右旋关断,否则误差会很大。

(3) 时间调整(X轴方向调整,TIME/DIV旋钮)

① 当水平方向信号过大或者过小时,需要进行时间调整。左旋减小,右旋增大。

② 示波管水平方向每一大格代表的时间与时间旋钮的指示相对应。

③ 测量时间时,TIME /DIV旋钮的微调应向右旋关断,否则误差会很大。

(4) 垂直位移

旋动上下移动箭头可以上下平移波形,便于观察。

(5) 水平位移

旋动左右移动箭头可以左右平移波形,便于观察。

(6) Autoset 键

可以进行刷新,置位复位,使输入信号位于最好的观测位置,可以自动设定以下参数:水平刻度、水平波形、垂直刻度、垂直波形等。

(7) 标准信号

峰-峰值 2 V、1 000 Hz、方波信号,可以用于校准仪器、比较波形。

4. 直流稳压电源

直流稳压电源具有稳压、稳流连续可调,两路或多路输出可实现串、并联工作,简单而功能明晰的前面板及双电压表和双电流表显示功能;还可实现主、从两路电源串联、并联、主从跟踪等功能。直流稳压电源如图 1-4 所示。

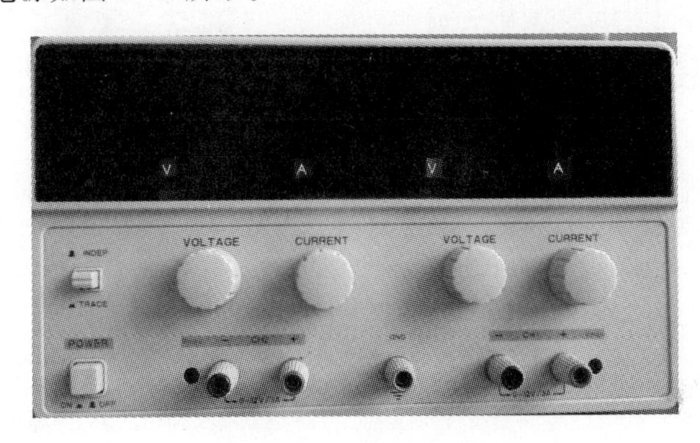

图 1-4　直流稳压电源

① 电源开关 POWER:置“OFF”为电源关,置“ON”为电源开。

② 跟踪 ▬ TRACE/独立 ■ INDEP:跟踪独立工作方式选择键。

③ “－”输出端子:每路输出的负极输出端子(黑色)。

④ “＋”输出端子:每路输出的正极输出端子(红色)。

⑤ 从路 CH2 调压旋钮 VOTAGE:电压调节,调节从路稳压输出值。

⑥ 从路 CH2 调流旋钮 CURRENT:电流调节,调节从路稳流输出值。

⑦ GND 端子:电源保护接地端子(绿色)。

⑧ 主路 CH1 调压旋钮 VOTAGE:电压调节,调节主路稳压输出值。

⑨ 主路 CH1 调流旋钮 CURRENT:电流调节,调节主路稳流输出值。

CH1 和 CH2 电源供应器在额定电流时,分别可供给 0 V～额定值的电压输出。当设定在独立模式时,CH1 和 CH2 为完全独立的两路电源,可单独或两路同时使用。

四、实验任务

① 打开实验箱和数字万用表的开关,按实验原始数据记录表调整、测试并记录于表 1-1 中。

② 开启函数信号发生器、数字示波器电源开关,按实验原始数据记录表调整、测试并记录于表1-2中。

五、预习后回答下面的问题

① 当使用数字万用表测量电压或测量电流时,数字万用表的表笔如何接插孔?数字万用表的量程应该转至哪个位置?

② 当数字示波器显示屏上的波形高度超过显示屏或者波形不明显时,应该调整哪个旋钮?

③ 如何得到9 V的直流稳压电源?

六、实验报告

① 测量实验箱上的直流电源时，数字万用表的功能开关应放在什么位置上？挡位打到什么值上？

② 如何得到频率 f 为 500 Hz、幅度为 200 mV（有效值）的正弦信号？

③ 通过本次实验，掌握了哪些仪器的使用方法以及了解了哪些仪器测量时需要注意的地方？

④ 将原始数据和上述问题综合起来分析。

实验原始数据记录表

表 1－1　数字万用表的测量值

测量值 / 仪器	实验箱显示值	数字万用表测量值	实验箱显示值	数字万用表测量值
实验箱直流电源	+12 V		+5 V	
	−12 V		−5 V	

表 1－2　数字示波器的测量值

数字信号发生器的输出	数字示波器显示的周期	数字示波器显示的幅度	衰减 20 dB 数字示波器显示的幅度	衰减 40 dB 数字示波器显示的幅度
正弦波 1 000Hz 峰-峰值为 1 V				
正弦波 200Hz 峰-峰值为 2 V				

指导教师：

实验日期：

实验二　电阻器、电容器的认识与测量

一、实验目的

① 学会用色标法读出电阻器的阻值。
② 掌握判断电解电容器的极性。
③ 学会电容器标称值的读值法。

二、实验仪器

① 数字万用表　　一块
② 电阻器　　若干
③ 电容器　　若干

三、电阻器

1. 电阻器概述及符号

电阻器简称电阻，是电子电气设备使用最多的元件之一，在电路中主要起着限流、分压的作用，电阻器阻值的国际单位为欧姆(Ω)，常用单位有 kΩ(千欧)、MΩ(兆欧)。本书特别约定：电阻器(或称“电阻”)用正体符号“R”表示，电阻器的阻值用斜体符号“*R*”表示；按照电阻器是否可变分为固定电阻器和可变电阻器(即电位器)，电位器用符号“$\mathrm{R_P}$”表示，电位器的阻值用符号“R_p”表示。电阻器按材料和工艺可以分成 4 类，即薄膜类、合金类、合成类、敏感类。电阻器接入电路后，通过电流时便会发热；当温度过高时，电阻器将会烧毁，所以不仅要选择电阻器的阻值，还要正确选择电阻器的额定功率。在电路中，通常不加功率标注的电阻器功率均为 0.125 W，常用的还有 0.25 W、0.5 W、1 W、2 W、5 W、10 W 等。

如果电路对电阻器的功率值有特殊要求，就要用文字说明。一般情况下，所选用的电阻器阻值应使额定功率大于实际消耗功率的 2 倍左右，以确保电阻器的可靠性。电阻器在电路中的符号如图 1－5 所示。

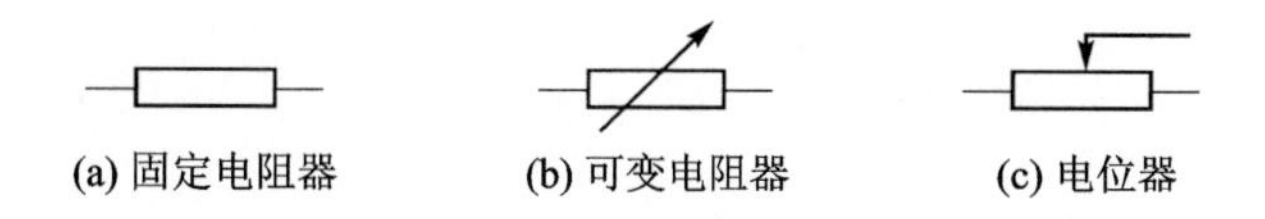

图 1－5　电阻器在电路中的符号

2. 电阻器的标称值

电阻器标有的阻值就是电阻器的标称值，有直标法、文字符号法和色标法，前两种标法比较直观，这里就不详细讲解了，主要以色标法为例进行介绍。

小功率碳膜和金属膜电阻器，一般都用色环表示电阻器阻值的大小。色环电阻器分为 4 色环和 5 色环。其中，4 色环就是用 4 条有颜色的环代表阻值的大小，不同色标的含义见图 1－6。

色环电阻器一律以欧姆为单位。以 4 道环为例。

① 观察色环标注电阻器,色环紧密一端为开始端。

② 观察第1、第2道色环,其代表的数字为阻值的前2位有效数字。

③ 写下前2位有效数字,再乘以第3道色环所代表的乘数。

④ 第4道色环为误差。

⑤ 5道色环的前3位为有效数字,读数方法同4道色环。

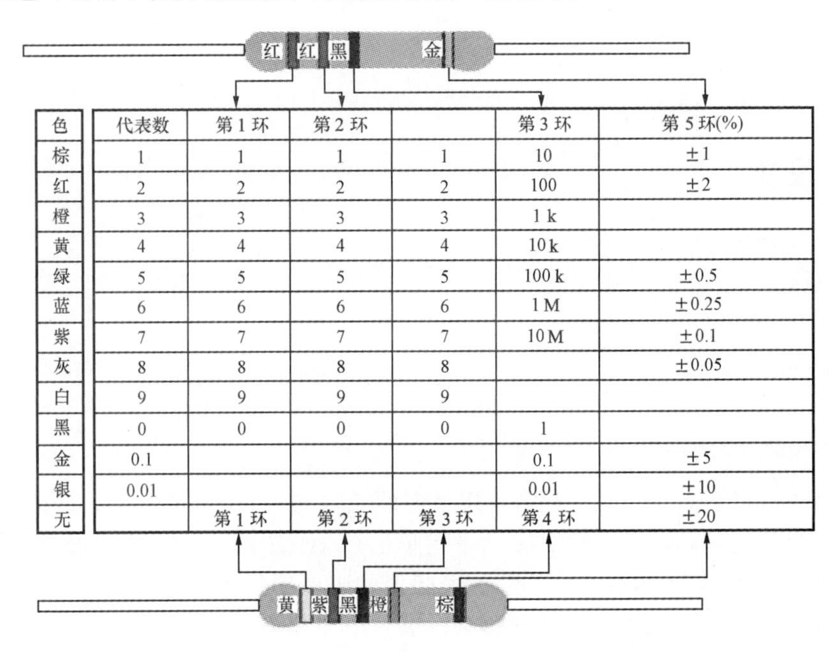

色	代表数	第1环	第2环		第3环	第5环(%)
棕	1	1	1	1	10	±1
红	2	2	2	2	100	±2
橙	3	3	3	3	1 k	
黄	4	4	4	4	10 k	
绿	5	5	5	5	100 k	±0.5
蓝	6	6	6	6	1 M	±0.25
紫	7	7	7	7	10 M	±0.1
灰	8	8	8	8		±0.05
白	9	9	9	9		
黑	0	0	0	0	1	
金	0.1				0.1	±5
银	0.01				0.01	±10
无		第1环	第2环	第3环	第4环	±20

图1-6 电阻器的色标对照表

3. 电阻器阻值的测量

用数字万用表测量电阻器阻值时,先将数字万用表的功能选择开关旋转到适当量程的电阻挡,然后将数字万用表两表笔分别与电阻器的两端相接,即可测出实际电阻器阻值。

测量操作注意事项如下:

① 测试时,特别是在测几十 kΩ 以上阻值的电阻器时,手不要触及表笔和电阻器的导电部分。

② 被检测的电阻器必须从电路中焊下来,至少要焊开一个头,以免电路中的其他元器件对测试产生影响,造成测量误差。

③ 色环电阻器的阻值虽然能以色环标志来确定,但在使用时最好还是用数字万用表测试一下其实际阻值。

四、电容器

1. 电容器的概述及符号

两个金属电极,中间夹上一层电介质(绝缘层),在金属电极的两端引出电极就构成了电容器,简称电容。电容器容量的大小表示能储存电能的大小。电容器的主要特性是隔直流、通交流。电容器在电路中主要用于调谐、滤波、隔直、交流旁路和能量转换等。电容器容量的基本单位为法拉(F)。常用单位还有 mF、μF、nF、pF。按结构的不同,电容器可分为固定电容器、半可变电容器和可变电容器。电容器有两个基本参数:耐压值和容量。

电容器在电路中的符号如图 1-7 所示。

图 1-7　电容器在电路中的符号

(1) 耐压值

常用电容器的耐压值有以下几个档次:6.3 V、10 V、16 V、25 V、40 V、63 V、100 V、160 V、250 V、400 V 等。

(2) 容　量

电容器的容量都是直接标在器件的表面上的,有 2 种表示方法:一种是直接表示容量,如 2 200 pF、0.01 μF 等;另一种是用 3 位数字来表示,第一位表示十位数,第二位表示个位数,第三位表示"0"的个数,单位是 pF,如 101 表示 100 pF,103 表示 10 000 pF 或 0.01 μF,222 表示 2 200 pF,等等。

电容器在外壳上标有"+""−"极性,其引线长的是正极,短的是负极,这种电容器叫电解电容器,其绝缘介质是电解液,这种电容器必须在正确的电场下才能呈现低损耗,否则相当于一个大电阻并接在电容器的两端。电解电容器的特点是电容量大、耐压高、体积大,适用于低频段的滤波、耦合。

2. 电容器容量的检测

用数字万用表电容挡直接检测:某些数字万用表具有测量电容器容量的功能,测量时可将已放电的电容器引脚直接插入数字万用表面板上的"CX"插孔,或者用数字万用表表笔直接连接电容器两个引脚,选取适当的量程后就可以读取显示数据。

五、预习后回答下面的问题

① 如何快速判断电阻器的阻值范围及阻值?你有什么好的方法?

② 如何表示电容器的容量?你有几种方法?

六、实验报告

① 将你测量的各元器件参数填入实验原始数据记录表的表 1－3 和表 1－4 中。

② 你掌握了几种检测电容器好坏的方法？详细叙述一种你认为比较实用的方法。

实验原始数据记录表

表 1－3　电阻器阻值

电阻器	色　环	色标读值	测量值

表 1－4　电容器容量

电容器	标示值	容　量	测量值
1	103		
2	683		
3	501		

指导教师：

实验日期：

实验三　二极管、三极管的认识与测量

一、实验目的

① 掌握判断二极管、三极管的极性。

② 学会判断三极管的好坏。

二、实验仪器

① 数字万用表　　　　一块

② 二极管　　　　　　若干

③ 三极管　　　　　　若干

三、二极管

1. 二极管概述

二极管是一个 PN 结,加上引线、接触电极和管壳构成的器件。半导体二极管又称晶体二极管,简称二极管,它是只往一个方向传送电流的电子器件。按用途分,二极管有整流二极管、稳压二极管、发光二极管、光敏二极管、开关二极管等。二极管在电路中的符号如图 1－8 所示。

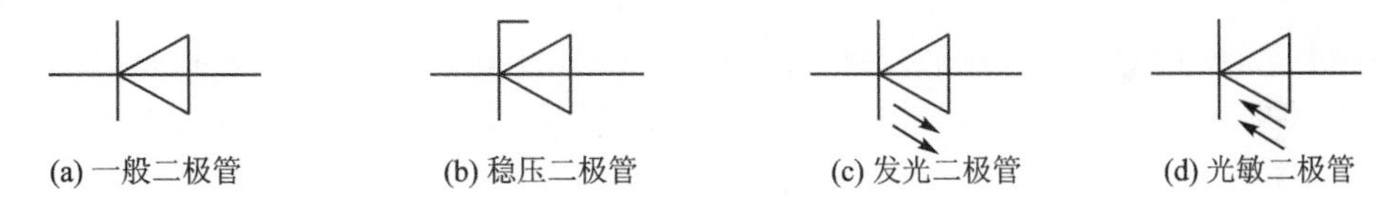

图 1－8　二极管在电路中的符号

2. 二极管型号

国产二极管的型号由 4 部分组成。其中,第 1 部分用数字“2”表示二极管的电极数;第 2 部分用字母“A、B”表示锗材料;字母“C、D”表示硅材料;第 3 部分用字母表示功能,如“P”表示普通型,“Z”表示整流,“X”表示小功率,“G”表示高频小功率,“D”表示低频大功率,等等;第 4 部分是生产厂家规定的序号,代表二极管的主要参数,这些参数可以通过二极管手册查到。国外二极管型号和我国的不一样,如日本二极管的型号是 1N400X 系列,其中“X”随二极管参数的变化而变化,这些型号、参数都可以从二极管手册中查到。

3. 二极管极性

① 看外壳上的标记:通常在二极管的外壳上标有二极管的符号。标有色道(一般黑壳二极管为银白色标记,玻壳二极管为黑色银白或红色标记),一端为负极,另一端为正极。

② 测量二极管时,使用数字万用表的二极管的挡位。若将红表笔接二极管阳(正)极,黑表笔接二极管阴(负)极,则二极管处于正偏,数字万用表有一定数值显示,这个数值就是二极管的正向压降,表明红色表笔的那端为正极。若将红表笔接二极管阴极,黑表笔接二极管阳

极,则二极管处于反偏,数字万用表高位显示为“1.”或很大的数值。在测量时若两次的数值均很小,则二极管内部短路;若两次测得的数值均很大或高位为“1.”,则二极管内部开路。

四、三极管

1. 三极管概述

半导体三极管又称晶体三极管,简称三极管,它是在一块半导体基片上制作两个相距很近的PN结,中间部分是基区,因而整块半导体分成3部分,每部分引出一个电极,分别是基极(b)、发射极(e)和集电极(c)。根据排列方式的不同分为PNP和NPN两种,根据材质的不同分为硅三极管和锗三极管。由于三极管在结构上做成基区很薄,而发射区很厚,杂质浓度大,因而三极管具有电流放大作用,是电子电路的核心元件。PNP型三极管和NPN型三极管的箭头指向是电流方向,也是发射结在正向电压下的导通方向。图1-9所示是三极管在电路中的符号。

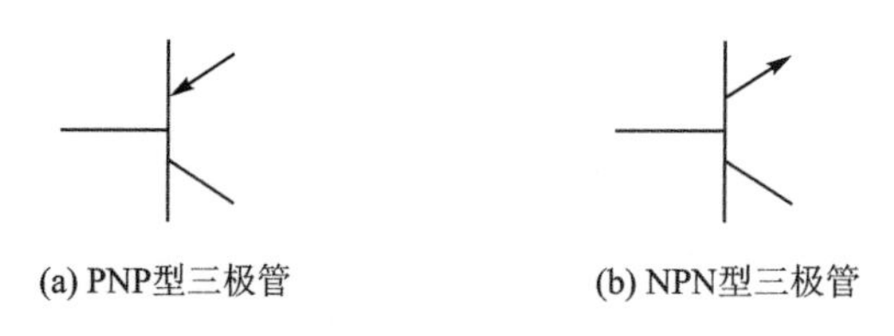

图1-9　三极管在电路中的符号

2. 三极管型号

国产三极管的型号由4部分组成。其中,第1部分用数字“3”表示三极管的电极数;第2部分用字母“A、B、C、D”表示,其意义如下:“A”表示锗材料PNP型,“B”表示锗材料NPN型,“C”表示硅材料PNP型,“D”表示硅材料NPN型;第3部分用字母表示功能,“X”表示小功率,“G”表示高频小功率,“D”表示低频大功率,“K”表示开关,等等;第4部分是生产厂家规定的序号,代表三极管的主要参数,这些参数可以通过三极管手册查到。国外三极管型号和我国的不一样,如日本三极管的型号是“2SXX”系列,第1个“X”用A、B、C、D表示三极管的材料和型号,其意义和我国的一样;第2个“X”是用数字表示三极管的参数。这些型号、参数都可以从三极管手册中查到。

3. 三极管极性的好坏

① 把数字万用表打到hFE挡,在NPN和PNP插孔中,把三极管按顺序插到对应的孔中,在数字万用表中显示对应的hFE值,一般三极管的hFE值在几十～300之间,如果特别小或特别大,则表示引脚不对或三极管已坏。

② 以NPN为例,将数字万用表的挡位打到二极管挡,当红表笔接b极时,用黑表笔分别接e极和c极,将出现两次读值小的情况。然后把接b极的红表笔换成黑表笔,在用红表笔分别接e极和c极时,将出现两次读值大的情况。如果被测三极管符合上述情况,说明这只三极管是好的。焊接三极管时要注意:引脚引线不应短于10 mm,焊接动作要快,每根引脚焊接时间不应超过2 s。三极管在焊入电路时,应先接通b极,再接入e极,最后接入c极。拆下时,顺序相反,以免烧坏三极管。在电路通电的情况下,不得断开b极引线,以免损坏三极管。

五、预习后回答下面的问题

① 如何判断二极管的极性？

② 用数字万用表如何测量三极管的电流放大倍数？

六、实验报告

① 如何判断二极管和三极管的好坏？

② 焊接三极管时要注意什么？

指导教师：

实验日期：

第 2 章　模拟电子技术验证型实验

实验一　基本放大电路

一、实验目的

① 理解静态工作点对基本放大电路性能的影响。
② 学习调整基本放大电路静态工作点的方法。
③ 学习测量放大电路电压放大倍数和最大不失真输出电压的方法。
④ 熟悉常用电子仪器及模拟电路板设备的使用。

二、实验仪器

① 数字万用表	一块
② 函数信号发生器	一台
③ 数字示波器	一台
④ 模拟电子实验仪	一台
⑤ 模拟电路板	一块

三、实验原理

1. 实验电路

实验电路如图 2-1 所示，它是一个阻容耦合共发射极电路，它的偏置电路采用电阻器 R_{b1}、R_{b2} 组成的分压电路，并在发射极中接有电阻器 R_e 来稳定放大电路的静态工作点。当在放大电路的输入端加入输入信号 U_i 后，在放大电路的输出端便可得到一个与 U_i 相位相反、幅值被放大的输出信号 U_o，从而实现了电压的放大。

参数如下：电源电压 $V_{CC}=12$ V；基极可调电阻器阻值 $R_{P2}=47$ kΩ；基极上偏置电阻器阻值 $R_{b1}=20$ kΩ；基极下偏置电阻器阻值 $R_{b2}=15$ kΩ；集电极电阻器阻值 $R_c=3$ kΩ；发射极电阻器阻值 $R_e=1.5$ kΩ，发射极旁路电容器容量 $C_2=47$ μF；负载电阻器阻值 $R_{L1}=3$ kΩ；交流耦合电容器容量 $C_1=C_3=10$ μF；三极管 T 为 3DG6(或 9013)；$\beta\approx150$。

在图 2-1 电路中，当流过偏置电阻器 R_{b1} 和 R_{b2} 的电流远大于三极管 T 的基极电流 I_B 时(一般 5～10 倍)，则它的静态工作点可用下式估算，V_{CC} 为供电电源 +12 V。

$$U_B\approx\frac{R_{b2}}{R_{b1}+R_{P2}+R_{b2}}V_{CC}$$

$$I_E\approx\frac{U_B-U_{BE}}{R_e}\approx I_C$$

$$U_{CE}=V_{CC}-I_C(R_c+R_e)$$

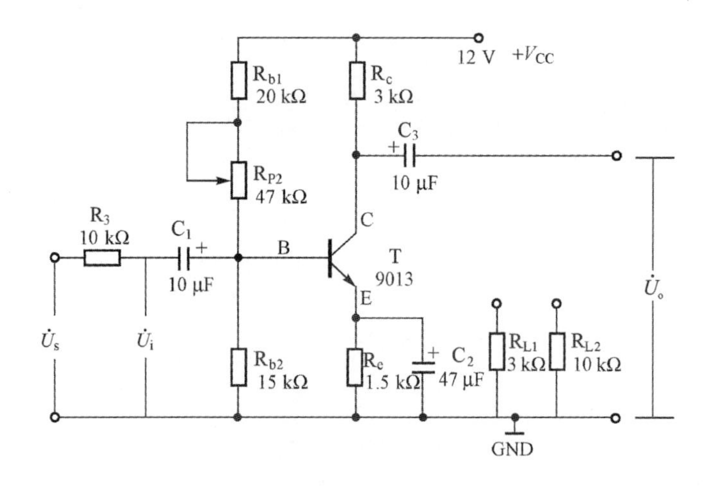

图 2-1 共发射极单管放大器实验电路

电压放大倍数

$$A_u = -\beta \frac{R_c \parallel R_L}{r_{be}}$$

输入电阻器阻值

$$R_i = R_{b1} + R_{P2} \parallel R_{b2} \parallel r_{be}$$

输出电阻器阻值

$$R_o \approx R_c$$

由于电子器件性能的分散性比较大,因此在设计和制作三极管放大电路时,离不开测量和调试技术。一个优质的放大器,必定是理论设计与实验调整相结合的产物。

2. 放大器静态工作点的测量与调试

静态工作点是否合适,对放大电路的性能和输出波形都有很大的影响。三极管工作在放大区时发射极和集电极之间的直流电压 U_{CE} 为电源电压的 1/3~1/2,小于这个范围,三极管将进入饱和区,此时输出电压 U_o 的负半周将被削底;大于这个范围,三极管将进入截止区,此时输出电压 U_o 的正半周将被缩顶。调整电位器 R_{P2},使三极管工作在放大区。

(1) 静态工作点的测量

测量放大器的静态工作点,应在输入信号 $U_i=0$ 的情况下进行,即将放大器输入端与地端短接,然后选用数字万用表合适的量程,分别测量三极管的集电极电流 I_C 以及各电极对地的电位 U_B、U_C 和 U_E。一般实验中,为了避免断开集电极,所以采用测量电压,然后算出 I_C 的方法,例如只要测出 U_E,即可用 $I_C \approx I_E = \frac{U_E}{R_e}$ 算出 I_C(也可根据 $I_C = \frac{U_{CC} - U_C}{R_c}$,由 U_C 确定 I_C),同时也能算出 $U_{BE} = U_B - U_E$,$U_{CE} = U_C - U_E$。

(2) 静态工作点的调试

放大器静态工作点的调试是指对管子集电极电流 I_C(或 U_{CE})的调整与测试。

静态工作点是否合适,对放大器的性能和输出波形都有很大的影响。若工作点偏高,则放大器在加入交流信号以后易产生饱和失真,此时 u_o 的负半周将被削底,如图 2-2(a)所示;若工作点偏低,则易产生截止失真,即 u_o 的正半周被缩顶(一般截止失真不如饱和失真明显),如

图 2－2(b)所示。这些情况都不符合不失真放大的要求，所以在选定工作点以后还必须进行动态调试，即在放大器的输入端加入一定的 u_i，检查输出电压 u_o 的大小和波形是否满足要求。若不满足，则应调节静态工作点的位置。

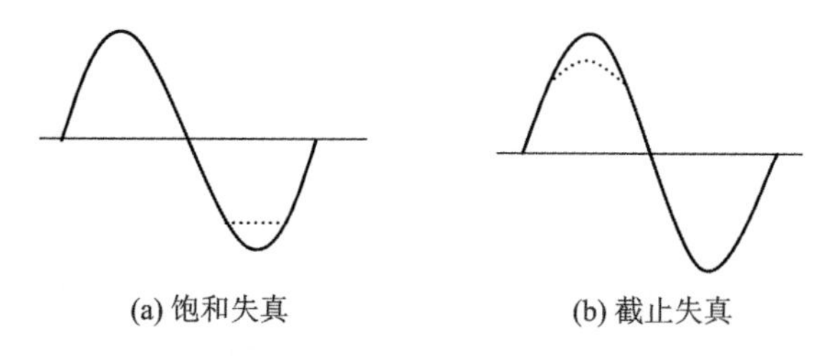

(a) 饱和失真　　(b) 截止失真

图 2－2　静态工作点对 u_o 波形失真的影响

改变电路参数 V_{CC}、R_c、R_B(R_{b1}、R_{b2})都会引起静态工作点的变化，如图 2－3 所示，但通常多采用调节偏置电阻器阻值 R_{b1} 的方法来改变静态工作点，若减小 R_{b1} 值，则可使静态工作点提高等。

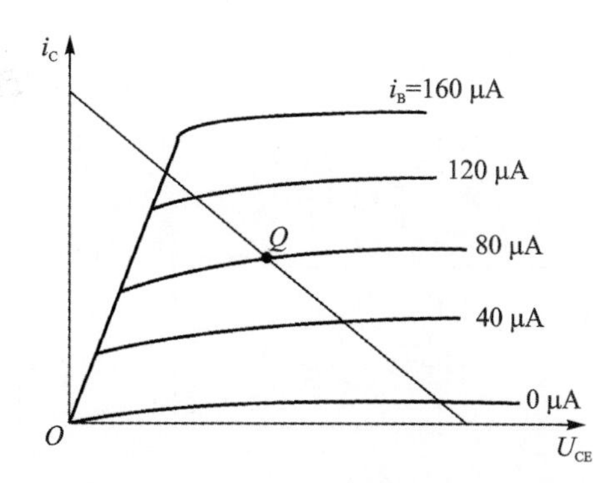

图 2－3　电路参数对静态工作点的影响

最后还要说明的是，上面所说的工作点"偏高"或"偏低"不是绝对的，应该是相对输入信号的幅度而言的，若输入信号幅度很小，即使工作点较高或较低也不一定会出现失真。所以确切地说，产生波形失真是输入信号幅度与静态工作点设置配合不当所致。若须满足较大输入信号的要求，则静态工作点最好尽量靠近交流负载线的中点。

3. 放大器动态指标测试

放大器动态指标测试包括电压放大倍数、输入电阻器阻值、输出电阻器阻值、最大不失真输出电压(动态范围)和通频带等。

(1) 电压放大倍数 A_u 的测量

调整放大器到合适的静态工作点，然后加入输入电压 U_i，在输出电压 U_o 不失真的情况下，记录此时的 U_i 和 U_o，则

$$A_u = \frac{U_o}{U_i}$$

(2) 输入电阻器阻值 R_i 的测量

为了测量放大器的输入电阻器阻值，按图 2－4 所示的电路在被测放大器的输入端与信号源之间串入一已知电阻器 R，在放大器正常工作的情况下，用交流毫伏表测出 U_S 和 U_i，则根据输入电阻的定义可得

$$R_S=\frac{U_i}{I_i}=\frac{\dfrac{U_i}{U_R}}{R}=\frac{U_i}{U_S-U_i}R$$

测量时应注意:

① 由于电阻器 R 两端没有电路公共接地点,因此测量电阻器 R 两端的电压 U_R 时必须分别测出 U_S 和 U_i,然后按 $U_R=U_S-U_i$ 求出 U_R 值。

② 电阻器阻值 R 不宜取得过大或过小,以免产生较大的测量误差,通常取 R 与 R_i 为同一数量级为好或者根据实验室提供的电路板来决定。

(3) 输出电阻器阻值 R_o 的测量

按图 2-4 所示的电路,在放大器正常工作条件下,测出输出端不接负载电阻器 R_L 的输出电压 U_o 和接入负载后的输出电压 U_L,根据公式

$$U_L=\frac{R_L}{R_o+R_L}U_o$$

即可求出 R_o 为

$$R_o=\left(\frac{U_o}{U_L}-1\right)R_L$$

在测试中应注意,必须保持负载电阻器 R_L 接入前后输入信号的大小不变。

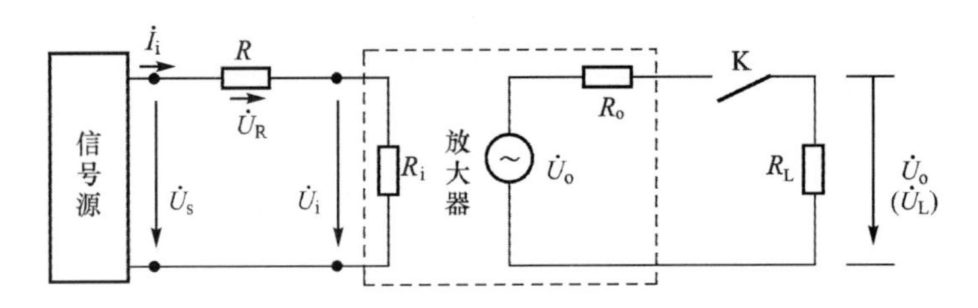

图 2-4 输入、输出电阻器阻值测量电路图

四、实验任务

实验电路如图 2-1 所示。为防止干扰,各仪器的公共端必须连在一起。同时信号源和数字示波器的引线应采用专用的屏蔽线,屏蔽线的黑夹子始终接在公共接地端上。

1. 静态工作点调试

① 按图 2-1 连接好线路,此时的电源从实验箱上引入直流电源+12 V,GND,打开实验箱的电源开关,用数字万用表的 DCV20 挡,测量电压 U_{CE},调节电位器 R_{P2} 使 U_{CE} 在 5~6 V 之间。

② 测量实验原始数据记录表中的表 2-1 所列各点电压,黑表笔接地线——电源的负极,红表笔分别接 B、C、E 端并记录。注:表 2-1 中各电量用数字万用表(DCV20V 挡)测量。V_{CC} 为实测的电源电压。其中计算 $I_E=U_E/R_e$。

2. 测量不同负载下的电压放大倍数

(1) 输出端不接负载电阻器 R_L

开启函数信号发生器,在放大电路输入端加入频率 $f=1$ kHz,$U_i\approx10$ mV 的正弦信号,

同时用数字示波器观察放大器输出电压 U_o 的波形，调节函数信号发生器的幅度值，使 U_o 最大且不失真，用双踪示波器同时观察 U_i、U_o 的值以及波形并记录于实验原始数据记录表的表 2－2 中，根据关系式 $A_u = U_o / U_i$，计算出空载时电压的放大倍数。

（2）输出端接负载电阻器 R_L

在输出端接入 3 kΩ 负载电阻器，输入信号不变，输出端 U_{oL} 连接示波器，观察此时示波器的波形，记录此时示波器上输出电压值于表 2－2 中，根据关系式 $A_L = U_{oL} / U_i$，计算出接负载时电压的放大倍数。

3. 改变静态工作点对放大波形的影响

输出端处于不接负载的状态，即空载，逐步加大输入信号，使输出电压 U_o 足够大但不失真，然后保持输入信号不变，分别增大或减小电位器阻值 R_{P2}，使波形出现饱和失真和截止失真，绘出 U_o 的波形图，用数字万用表（DCV20V 挡）分别测量这两种情况下的 U_{CE} 值，记录于实验原始数据记录表的表 2－3 中，解释观察到的波形是饱和失真还是截止失真？

五、预习后回答下面的问题

① 认真阅读教材中有关晶体管放大电路的相关内容，并估算出实验电路的各项性能指标，将估算值填入表 2－4 中（$\beta=150$；$V_{CC}=12$ V；电位器 R_{P2} 调至中间位置）。

表 2－4　估算静态工作点

U_B/V	U_E/V	U_C/V	U_{CE}/V	I_C/mA	I_E/mA	I_B/μA	A_u

② 改变静态工作点对放大电路的输入电阻器阻值 R_i 是否有影响？改变外接电阻器阻值 R_L 对输出电阻器阻值 R_o 是否有影响？

③ 放大电路中哪些元件决定静态工作点？

六、实验报告

① 列表整理测量结果，并把实测的静态工作点、电压放大倍数的值与理论值进行比较，分析产生误差的原因。

② 总结 R_c、R_L 对放大器电压放大倍数的影响。

③ 讨论静态工作点变化对放大器输出波形的影响。

④ 当调节偏置电阻器 R_{P2} 位置，使放大电路输出波形出现饱和失真或截止失真时，三极管的管压降 U_{CE} 如何变化？

⑤ 分析在实验过程中出现的问题，你是如何解决的？

⑥ 将原始数据和上述问题综合起来分析。

实验原始数据记录表

表 2－1　静态工作点的测试

V_{CC}/V	U_{CE}/V	U_B/V	U_E/V	U_C/V	I_E/mA

表 2－2　动态测量

R_c/kΩ	R_L/kΩ	U_o/V	A_u	画出 U_o 和 U_i 一个周期的波形图，观察它们的相位关系
3	∞			
3	3			

表 2－3　改变工作点后的波形

	波　形	U_{CE}/V	放大器状态
正常波形		5～6 V	放大状态
上削波波形			
下削波波形			

指导教师：

实验日期：

实验二　多级放大电路

一、实验目的

① 熟悉多级放大器各级之间的影响。
② 掌握如何合理设置静态工作的方法。
③ 学会测量多级放大器的频率特性。
④ 掌握多级放大器性能指标的测量和调整方法。

二、实验仪器

① 数字万用表	一块
② 函数信号发生器	一台
③ 数字示波器	一台
④ 模拟电子实验仪	一台
⑤ 模拟电路板	一块

三、实验原理

放大器在某些时候需要增益很高，而单极放大器往往很难满足这一需求，因此为了获得足够大的增益或者考虑到输入电阻和输出电阻的特殊要求，放大器往往由多级构成。多级放大器常用的耦合方式有阻容耦合、变压器耦合、光电耦合和直接耦合 4 种。这 4 种耦合方式各有优缺点，适合的场合也不相同。下面我们以阻容耦合为例进行简要介绍。阻容耦合的优点是：各级工作点相互独立，只要耦合电容器容量合适，放大器交流信号损失就很小，放大倍数较高，易于调整，分立元件的多级放大器常用此耦合方式。其缺点是：不能放大直流，不易集成。

放大电路的技术参数与各级的关系可归纳为：电路的总增益为各级增益的乘积，前一级的输出信号为后级的信号源。电压放大倍数可表示为：$A_u=A_{u1}\times A_{u2}\times\cdots\times A_{un}$。阻容耦合因有隔直作用，故各级静态工作点互相独立，只要按实验一的分析方法，一级一级地计算即可。但由于信号是通过耦合电容加到下一级的，因此会大幅衰减，对直流信号很难传输。多级放大器电路原理图见图 2-5。

放大器总的放大倍数 $A_u=A_{u1}\times A_{u2}=(U_{o1}/U_i)\times(U_o/U_{o1})$，放大器的理想幅频特性是一条平坦的曲线，而实际上放大器只是在中频段的幅频特性曲线是平坦的。这是因为放大器的输入和输出都串接有隔直电容器，而这种方式连接的电容器对低频有衰减。同时在放大器的输出端存在并联的等效电容，它对高频也存在衰减。一个放大器的幅频特性常常用通频带来衡量。通频带是以放大器的中频放大倍数 A_{um} 为参考点，在低频段和高频段各取一个特殊的点，即当放大器的放大倍数下降到 $0.707A_{um}$ 时，分别记为 f_L 和 f_H，通频带就是 f_L 和 f_H 之间的频段。

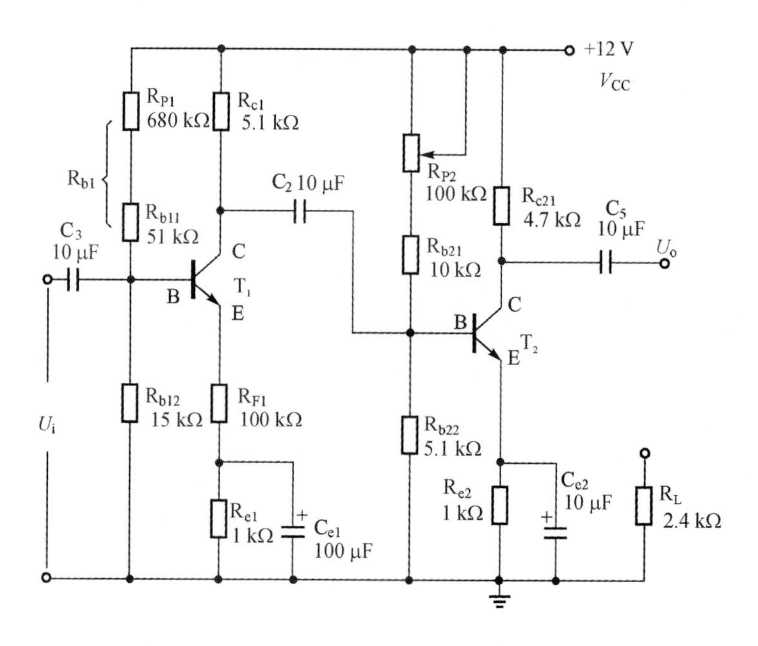

图 2-5　多级放大器电路原理图

四、实验任务

1. 调试静态工作点

按照原理图接好电路，加直流电源+12 V，用数字万用表的DCV20V挡测量，调节电位器R_{P1}位置，使U_{CE1}在5～6 V之间，调节电位器R_{P2}位置，使U_{CE2}在5～6 V之间，把T_1和T_2的各静态工作点电压记录于实验原始数据记录表的表2-5中。

2. 测量放大倍数 A_u

在U_i端加f=1 000 Hz的正弦交流信号电压，在输出U_o端用数字示波器监测输出信号，慢慢调节函数信号发生器，将U_i的幅度从0慢慢增加，同时观察数字示波器使输出信号达到最大不失真状态。用数字示波器测试各项数据，并记录于实验原始数据记录表的表2-6中。

3. 测量幅频特性

用数字示波器测量输出电压U_o的值，保持输入信号U_i的幅度不变，按照实验原始数据记录表的表2-7改变U_i的频率，将对应的输出电压U_o值记录于表2-7中。

4. 测量下限频率 f_L

① 计算$U_{Lo}=U_o\times0.707$的值，并记录于表2-7中。

② 继续用数字示波器监测U_o的输出电压，只改变U_i端信号的频率，从1 000 Hz开始慢慢降低频率，找出输出电压等于U_{Lo}时对应下的频率f_L，记录于表2-7中。

5. 测量上限频率 f_H

① 计算$U_{Ho}=U_o\times0.707$的值，并记于表2-7中。

② 继续用数字示波器监测U_o的输出电压，只改变U_i端信号的频率，从1 000 Hz开始增

高频率，找出输出电压等于 U_{H}。时对应下的频率 f_H，记录于表 2－7 中。

五、预习后回答下面的问题

① 复习教材中有关多级放大电路的内容。

② 按图 2－5 估算出放大电路的静态工作点（$\beta_1=\beta_2=100$）、上限频率 f_H、下限频率 f_L，记录于表 2－8 中。

表 2－8　估算静态工作点

U_{B1}	U_{E1}	U_{C1}	I_{E1}	U_{B2}	U_{E2}	U_{C2}	I_{E2}
$A_{u1}=$			$f_H=$				
$A_{u2}=$			$f_L=$				

③ 多级放大电路放大倍数如何计算？实验时如何测量？

六、实验报告

① 整理实验数据，用描点法按照表 2－7 中的数据画出原理电路的幅频特性曲线，并且标出 f_L、f_H 点。

② 放大电路产生失真的原因有哪些？如何调整才不会失真？

③ 如何才能扩展频率范围？

④ 将原始数据和上述问题综合起来分析。

实验原始数据记录表

表 2－5　静态工作点的测试

U_{B1}/V	U_{E1}/V	U_{C1}/V	I_{E1}/mA	U_{B2}/V	U_{E2}/V	U_{C2}/V	I_{E2}/mA

表 2－6　动态测量

U_i/V	U_{o1}/V	U_o/V	A_{u1}	A_{u2}	A_u

表 2－7　幅频特性

频率/Hz		50	100	400	800	1k	2k	5k	10k	50k	100k	500k
U_o/V	$R_L=\infty$											
	$R_L=2.4\ \text{k}\Omega$											
$U_{Lo}=$　　　V								$U_{Ho}=$　　　V				
$f_L=$　　　Hz								$f_H=$　　　kHz				

指导教师：

实验日期：

实验三　差动放大器实验

一、实验目的

① 加深对差动放大器原理及性能的理解。

② 掌握差动放大器基本参数的测试方法。

二、实验仪器

① 数字万用表	一块
② 函数信号发生器	一台
③ 数字示波器	一台
④ 模拟电子实验仪	一台
⑤ 模拟电路板	一块

三、实验原理

图 2－6 所示是差动放大器实验电路图。它由两个元件参数相同的基本共射极放大电路组成。当开关 K 拨向左边时，构成典型的差动放大器。R_W 用来调节 T_1、T_2 三极管的静态工作点，R_5 为两管共用的发射极电阻器，它对差模信号无负反馈作用，不影响差模电压放大倍数，但对共模信号有较强的负反馈作用，可以有效抑制零漂。其中 T_1、T_2 三极管称为差分对管，它与电阻器 R_{b1}、R_{b2}、R_{c1}、R_{c2} 及电位器 R_W 共同组成差动放大的基本电路。其中电阻器阻值 $R_{b1}=R_{b2}$，$R_{c1}=R_{c2}$，R_W 为调零电位器，若电路完全对称，则静态时 R_W 应处于中点位置；若电路不对称，则应调节 R_W 位置，使 U_o 两端静态时的电位相等。

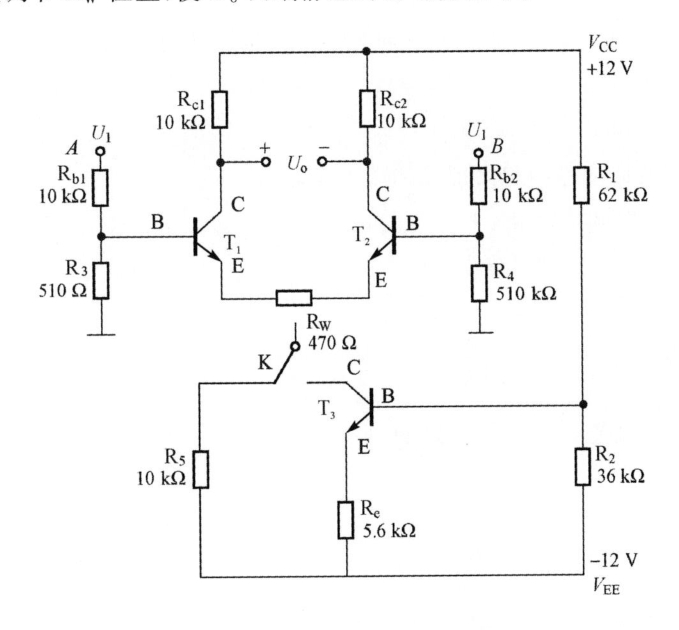

图 2－6　差动放大器实验电路图

三极管 T_3 与电阻器 R_e、R_2 共同组成镜像恒流源电路，为差动放大器提供恒定电流 I_o。要求 T_3 为差分管。R_3 和 R_4 为均衡电阻器，且电阻器阻值 $R_3=R_4$，给差动放大器提供对称差模输入信号。

四、实验内容

1. 典型差动放大器性能测试

开关K拨向左边构成典型差动放大器。

(1) 调节放大器零点及测量静态工作点

1) 调节放大器零点

信号源不接入。将放大器输入端 A、B 与地短接，将实验箱的 ±12 V 直流电源以及地线分别接入电路模板，用数字万用表的直流电压表 DCV20V 挡测量输出电压 U_o，调节调零电位器 R_W，使 $U_o=0$。

2) 测量静态工作点

零点调好以后，用数字万用表直流表测量 T_1、T_2 三极管各电极电位及射极电阻器 R_5 两端的电压 U_{R5}，再记入实验原始数据记录表的表2-9中。

(2) 测量差模电压放大倍数

将 A 端短接地先拆掉，B 端仍然接地，然后将函数信号发生器的输出端接放大器输入 A 端，地端接放大器输入 B 端构成双端输入方式，调节输入信号为频率 $f=1$ kHz 的正弦信号，并使函数信号发生器输出旋钮旋至零，慢慢增加输入信号，用数字万用表测出双端输出差模电压 U_o 和单端输出电压 U_{C1}、U_{C2}，并用数字示波器观察 U_i、U_{C1}、U_{C2} 的波形及相位关系。观察 U_{R_5} 随 U_i 改变而变化的情况。将数据填入实验原始数据记录表的表2-10中，并进行相应的计算。

(3) 测量共模电压放大倍数

将放大器 A、B 端短接，信号源接 A 端与地之间，构成共模输入方式，调节输入信号 $f=1$ kHz，$U_i=1$ V，在输出电压波形无失真的情况下，测量 U_{C1}、U_{C2} 的值并记入表2-10中，观察 U_i、U_{C1}、U_{C2} 之间的相位关系及 U_{R_5} 随 U_i 改变而变化的情况。

2. 测量具有恒流源的差动放大电路的放大倍数

把单刀双掷开关K拨向右边，形成具有恒流源的差动放大电路。根据上述步骤，将测得的静态工作点填入自己设计的表格中，然后进行波形观察、数据测量，并记入表2-10中，并做好相应的计算。

五、预习后回答下面的问题

① 复习教材中有关差动放大器电路的内容。

② 差动放大器是否可以放大直流输入信号？

③ 为什么要对差分放大器进行调零？

六、实验报告

① 增大或减小阻值 R_5，对输出有什么影响？

② 简要说明恒流源的作用。

③ 将原始数据和上述问题综合起来分析。

实验原始数据记录表

表 2－9　静态工作点 A_{d1}

<table>
<tr><td rowspan="2">测量值</td><td>U_{C1}/V</td><td>U_{B1}/V</td><td>U_{E1}/V</td><td>U_{C2}/V</td><td>U_{B2}/V</td><td>U_{E2}/V</td><td>U_{R_5}/V</td></tr>
<tr><td></td><td></td><td></td><td></td><td></td><td></td><td></td></tr>
<tr><td rowspan="2">计算值</td><td colspan="2">I_C/mA</td><td colspan="3">I_B/mA</td><td colspan="2">U_{CE}/V</td></tr>
<tr><td colspan="2"></td><td colspan="3"></td><td colspan="2"></td></tr>
</table>

表 2－10　不同状态下的电压放大倍数

各项参数	典型差动放大电路		具有恒流源的差动放大电路	
	双端输入	共模输入	双端输入	共模输入
U_i	100 mV	1 V	100 mV	1 V
U_{C1}				
U_{C2}				
U_o				
$A_{d1}=U_{C1}/U_i$		/		/
$A_d=U_o/U_i$		/		/
$A_{c1}=U_{C1}/U_i$	/		/	
$A_c=U_o/U_i$	/		/	
$K_{cmr}=\left\|\frac{A_{d1}}{A_{C1}}\right\|$				
U_i 相位关系图				
U_{C1} 相位关系图				
U_{C2} 相位关系图				

指导教师：

实验日期：

实验四　负反馈放大器

一、实验目的

① 研究负反馈对放大器性能的影响。

② 进一步掌握放大器性能指标的调试方法。

二、实验仪器

① 数字万用表	一块
② 函数信号发生器	一台
③ 数字示波器	一台
④ 模拟电子实验仪	一台
⑤ 模拟电路板	一块

三、实验原理

电子电路中采用负反馈，虽然使放大电路的放大倍数降低，但能在多方面改善放大电路的动态指标，例如稳定放大倍数、改变输入/输出电阻器阻值、减小非线性失真和展宽通频带等。因此，作为改善性能的手段，在实用模拟电子电路中几乎毫无例外地引入了这样或者那样的负反馈。本实验以一个输出电压、输入串联负反馈的两级放大电路为例，如图 2－7 所示。R_f 从第二级 T_2 的集电极接到第一级 T_1 的发射极构成负反馈。

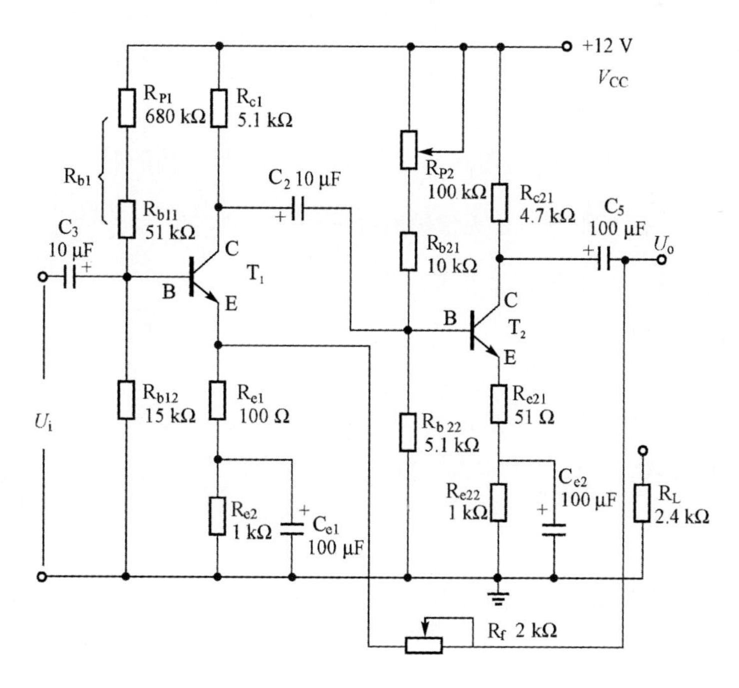

图 2－7　负反馈放大器

在下面列出负反馈放大器的有关公式,供验证分析时参考。

1. 放大倍数和放大倍数稳定度

负反馈放大器可以用图2-8所示的方框图来表示。

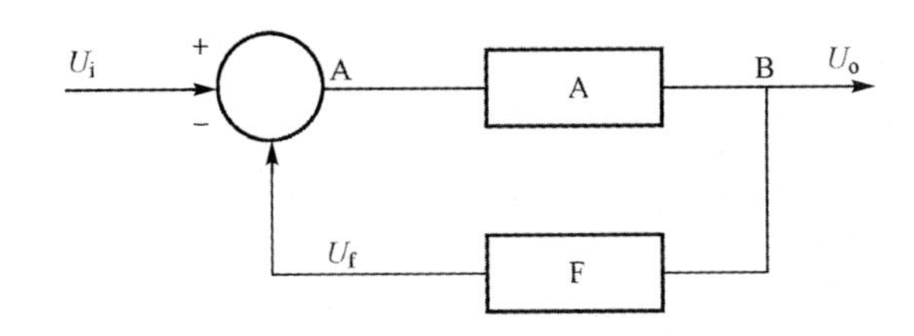

图2-8 负反馈放大器方框图

负反馈放大器的放大倍数为

$$A_{uf}=\frac{A_u}{1+A_uF_u}$$

式中:A_u 称为基本放大倍数(无反馈)的电压放大倍数,即开环电压放大倍数。反馈系数为

$$F_u=\frac{R_{F1}}{R_f+R_{F2}}$$

反馈放大器的放大倍数稳定度与无反馈放大器的放大倍数稳定度有如下关系:

$$\frac{\Delta A_{uf}}{A_{uf}}=\frac{\Delta A_u}{A_u}=\frac{1}{1+A_{uf}}$$

式中:$\frac{\Delta A_{uf}}{A_{uf}}$称为负反馈放大器的放大倍数稳定度;$\frac{\Delta A_u}{A_u}$称为无反馈放大器的放大倍数稳定度。

由上式可知,负反馈放大器比无反馈放大器的放大倍数稳定度提高了$(1+A_uF_u)$倍。

2. 频率响应特性

引入负反馈后,放大器的频响曲线的上限频率 f_{Hf} 比无反馈时扩展$(1+A_uF_u)$倍,即 $f_{Hf}=(1+A_uF_u)f_H$;而下限频率是无反馈时的$\frac{1}{1+A_{uf}}$,即 $f_{Lf}=\frac{f_L}{1+A_{uf}}$,减小了。

由此可见,负反馈放大器的频率带变宽了。

3. 输入电阻器阻值

$$R_{if}=(1+A_uF_u)R_i$$

式中:R_i 为基本放大电路的输入电阻器阻值。

4. 输出电阻器阻值

$$R_{of}=\frac{R_o}{1+A_{uo}F_u}$$

式中:R_o 为基本放大电路的输出电阻器阻值;A_{uo} 为基本放大电路空载时的电压放大倍数。

四、实验内容

1. 测量静态工作点

取相应的电路板，按图 2－7 所示将电路接好线，模块上的 V_{CC} 接到实验箱上的＋12 V，模块上的 GND 与实验箱共地，先不接入 R_f，检查回路接线无误后才能打开实验箱的电源。不加输入信号，用数字万用表的 DCV20V 挡测量电压 U_{CE1} 和 U_{CE2}，通过调节电位器 R_{P1} 和 R_{P2} 的位置来确定电压 U_{CE1} 和 U_{CE2} 值在 5～6 V 之间。在分别测出两个三极管的 U_B 和 U_C 时，计算出 I_C，将各项测试结果记录于实验原始数据记录表的表 2－11 中。

2. 测量负反馈前放大电路的动态指标

① 先不接入 R_f，测量空载时的输出电压 U_o，在 U_i 处接入 f＝1 kHz，电压值为 5～10 mV 的正弦信号，用数字示波器 CH1 和 CH2 通道同时观察输入信号 U_i 和输出信号 U_o 的波形，调节输入信号 U_i 的幅度，在 U_o 不失真的情况下，记录 U_i 和 U_o 的值和波形图于实验原始数据记录表的表 2－12 中。

② 保持 U_i 不变，加入负载，其阻值 R_L＝2.4 kΩ，测量负载两端的电压 U_L，并观察波形图使其最大且不失真，记录于表 2－12 中，并计算开环电压放大倍数 A_u。

③ 测量通频带。保持②中的 U_i 不变，然后增大和减小输入信号的频率，找出上、下限频率 f_H 和 f_L，记录于实验原始数据记录表的表 2－13 中。

3. 测试负反馈放大电路的各项动态指标

将 R_f 接入回路中，方法与第 2 步一致，在输出波形不失真的情况下，适当调节输入信号 U_i，并记录 U_i、U_o于表 2－12 中，计算出接入负反馈后电压的放大倍数 A_{uf}；测量接入负反馈后的上、下限频率 f_{Hf} 和 f_{Lf}，并记录于表 2－13 中。

五、预习后回答下面的问题

① 复习教材中有关负反馈放大电路的内容。

② 按图2-7估算出放大电路的静态工作点($\beta_1=\beta_2=100$)。

③ 估算多级放大电路的A_u、R_i和R_o;估算负反馈放大电路的A_{uf}、R_{if}和R_{of}。

六、实验报告

① 整理实验数据,列表比较实验结果与理论估算值,分析误差原因。

② 根据实验结果,找出电压串联负反馈对放大器性能的影响。

③ 通过本次实验,你对多级放大器和负反馈放大器的理解和认识有哪些提高?

④ 将原始数据和上述问题综合起来分析。

实验原始数据记录表

表 2 - 11　静态工作点

V_{B1}/V	V_{E1}/V	V_{C1}/V	I_{E1}/mA	V_{B2}/V	V_{E2}/V	V_{C2}/V	I_{E2}/mA

表 2 - 12　放大电路的动态指标

电路类型	R_L/kΩ	U_i/mV	U_o/mV	$A_u(A_{uf})$	R_o/R_{of}
开环	∞				
	2.4				
闭环	∞				
	2.4				
开环时输出电压的波形图			闭环时输出电压的波形图		

表 2 - 13　通频带

两级放大器	f_L/Hz	f_H/kHz	Δf/kHz
负反馈放大器	f_{Lf}/Hz	f_{Hf}/kHz	Δf_f/kHz

指导教师:

实验日期:

实验五　文氏电桥振荡器

一、实验目的

① 掌握 RC 正弦波振荡器的组成及其振荡条件的判断方法。

② 学会测量、测试振荡器各项指标。

二、实验仪器

① 数字万用表　　一块

② 函数信号发生器　　一台

③ 数字示波器　　一台

④ 模拟电子实验仪　　一台

⑤ 模拟电路板　　一块

三、实验原理

文氏电桥振荡电路又称 RC 串并联网络正弦波振荡电路，它是一种较好的正弦波产生电路，适用于频率小于 1 MHz、频率范围宽、波形较好的低频振荡信号。

从结构上看，正弦波振荡器是没有输入信号的，为了产生正弦波，必须在放大电路中加入正反馈，因此放大电路和正反馈网络是振荡电路的最主要部分。但是，这样两部分构成的振荡器通常是得不到正弦波的，这是由于正反馈量很难控制，因此还需要加入一些其他电路。

RC 串并联网络正弦波振荡电路实验原理图如图 2-9 所示。

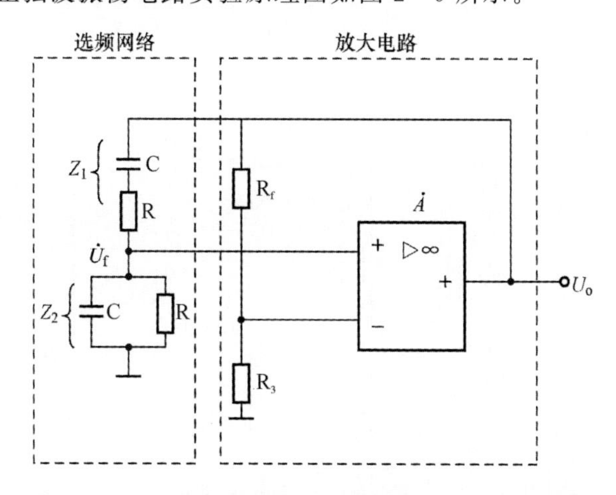

图 2-9　RC 串并联网络正弦波振荡电路实验原理图

$$\dot{F}=\frac{\dot{U}_{\mathrm{f}}}{\dot{U}_{\mathrm{o}}}=\frac{Z_2}{Z_1+Z_2}=\frac{1}{1+\dfrac{Z_1}{Z_2}}=\frac{1}{1+\left(R+\dfrac{1}{\mathrm{j}\omega C}\right)\bigg/\left(\dfrac{1}{R}+\mathrm{j}\omega C\right)}=$$

$$\frac{1}{\left(1+\frac{R}{R}+\frac{C}{C}\right)+\mathrm{j}\left(\omega RC-\frac{1}{\omega RC}\right)}=\frac{1}{3+\mathrm{j}\left(\omega RC-\frac{1}{\omega RC}\right)}$$

令振荡角频率 $\omega_{\mathrm{o}}=1/RC$,则有 $f_{\mathrm{o}}=1/2\pi\mathrm{RC}$。

当 $f=f_{\mathrm{o}}=\frac{1}{2\pi RC}$ 时,$\dot{F}$ 的模最大,且 $|\dot{F}|=1/3$,$\varphi_{\mathrm{F}}=0$;当 f 大于或小于 f_{o} 时,$|\dot{F}|$ 都减小,且 $\varphi_{\mathrm{F}}\neq 0$ 。这就表明 RC 串并联网络具有选频特性,因此图 2-9 所示电路满足振荡的相位平衡条件。如果同时满足振荡的幅度平衡条件,就可产生自激振荡。振荡频率为

$$f_{\mathrm{o}}=\frac{1}{2\pi RC}$$

由 $|\dot{A}\dot{F}|>1$ 知起振条件为

$$|\dot{A}|>3$$

由于振荡的频率为 $f_{\mathrm{o}}=1/2\pi RC$,因此在电路中可变换电容来进行振荡频率的粗调,用电位器替代电阻器来进行振荡频率的细调。

电路起振以后,由于元件的不稳定性,电路增益增大,输出幅度将越来越大,最后由于二极管的非线性限幅,必将产生非线性失真;反之,如果增益不足,则输出幅度减小,可能停振。为此,振荡电路要有一个稳幅电路。图 2-9 中负反馈支路的两个二极管即为自动限幅元件,主要利用二极管的正向电阻随所加电压的改变而改变的特性,以自动调节负反馈深度。

四、实验内容

① 按照图 2-10 所示电路连好线,并调节电位器 $\mathrm{R_P}$ 的值为 10 kΩ(即将旋钮调到最右侧);由运算放大器组成的 RC 串并联网络正弦波振荡电路,V_{CC} 接±12 V。

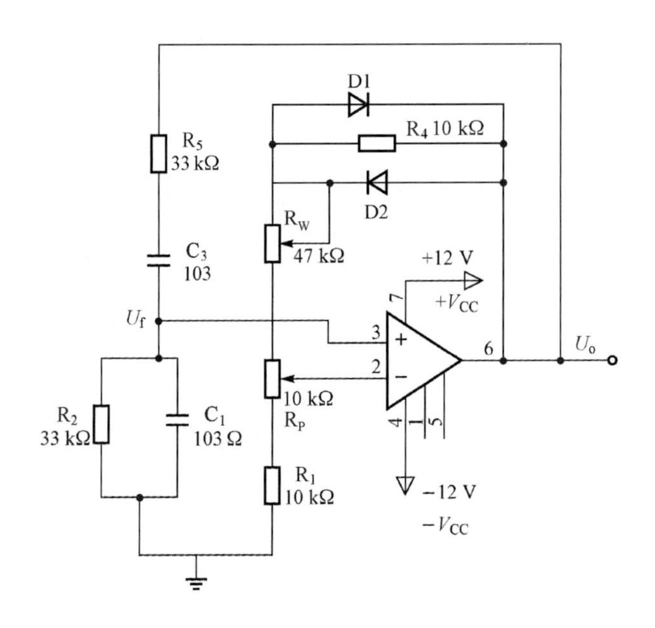

图 2-10　RC 串并联网络正弦波振荡电路

② 用数字示波器分别观察输出端 U_o 和 U_f 端的波形。调节电位器 R_W 的大小，观察数字示波器的变化，记录最大且不失真时 U_o 和 U_f 的幅值和频率 f 于实验原始数据记录表的表 2－14 中，并记下此时电位器 R_W 的阻值，画出 U_o 和 U_f 的波形。

③ 根据公式 $f_o=\frac{1}{2\pi RC}$ 计算电路产生的正弦波的频率 f_o，与实测量值 f 比较，计算误差。

④ 根据表 2－14 所列依次改变电容、电阻的大小，重复步骤②和③，将数据记录下来。

五、预习后回答下面的问题

① 二极管在电路中的作用是什么？

② 电位器 R_W 在电路中的作用是什么？

六、实验报告

① 由给定的电路参数计算振荡频率，并与实际值比较，分析误差产生的原因。
② 将测试出的 U_o 的频率与计算结果比较。
③ 在实验过程中，如何解决振荡波形失真的问题？

实验原始数据记录表

表 2-14　电容器容量与电阻器阻值不同组合时的测量值

电容器容量与电阻器阻值的组合	最大且不失真时的电位器阻值 R_W/kΩ	U_o/V	U_f/V	f/Hz（计算值）	f/Hz（实测值）
$C_1=C_3=0.01\ \mu F, R_2=R_5=33\ k\Omega$					
$C_1=C_3=0.01\ \mu F, R_3=R_6=100\ k\Omega$					
$C_2=C_4=0.1\ \mu F, R_2=R_5=33\ k\Omega$					
$C_2=C_4=0.1\ \mu F, R_3=R_6=100\ k\Omega$					

画出 $C_1=C_3=0.01\ \mu F$ ，$R_2=R_5=33\ k\Omega$ 时输出电压的波形。

画出 $C_2=C_4=0.1\ \mu F, R_2=R_5=33\ k\Omega$ 时输出电压的波形。

指导教师：
实验日期：

实验六　集成运算放大器的基本应用

一、实验目的

① 掌握使用集成运算放大器构成反相比例运算电路、同相比例运算电路、反相输入加法运算电路、减法运算电路的方法。

② 熟悉这些基本电路的输出和输入之间的关系。

二、实验仪器

① 数字万用表　　一块

② 函数信号发生器　　一台

③ 数字示波器　　一台

④ 模拟电子实验仪　　一台

⑤ 模拟电路板　　一块

三、实验原理

集成运算放大器就是将一个或多个成熟的单元电路做在一块硅材料的半导体芯片上，再从芯片上引出几个引脚，作为电路供电和外界信号的通道。集成运算放大器简称集成运放，是模拟集成电路的主要组成部分，也是模拟电子技术的主要基础内容，从本质上讲是一个具有高放大倍数的多级直接耦合放大电路。在集成运放的输出与输入之间引入线性负反馈，可以实现线性比例、加法、减法、积分、微分、对数、指数等模拟运算电路。

1. 反相比例运算电路

反相比例运算电路如图 2－11 所示。对于理想运放，该电路的输出电压与输入电压之间的关系为

$$U_o = -\frac{R_F}{R_1}U_i$$

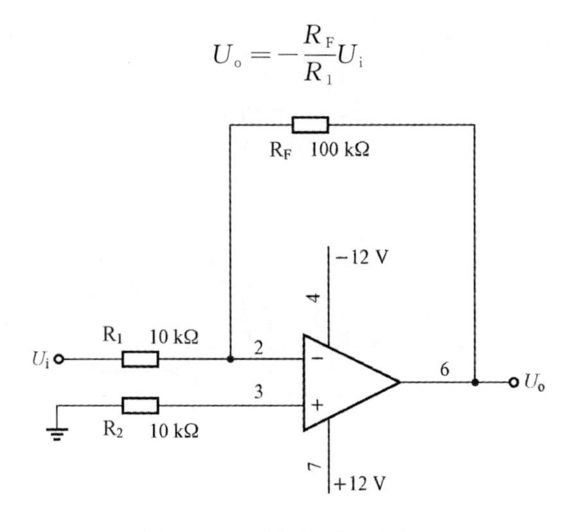

图 2－11　反相比例运算电路

为减小输入级偏置电流引起的运算误差,在同相输入端应接入平衡电阻 $R_2=R_1/\!/R_F$。若 $R_F=R_1$,则 $U_o=-U_i$,称为反相器。

2. 同相比例运算电路

图 2-12(a)所示是同相比例运算电路,它的输出电压与输入电压之间的关系为

$$U_o=\left(1+\frac{R_F}{R_1}\right)U_i \qquad R_2=R_1 /\!/ R_F$$

当 $R_1\to\infty$ 或者 $R_F=0$ 时,$U_o=U_i$,即得到如图 2-12(b)所示的电压跟随器。图中 $R_2=R_F$,用来减小漂移和起保护作用。一般 R_F 取 10 kΩ,R_F 太小起不到保护作用,太大则影响跟随性。

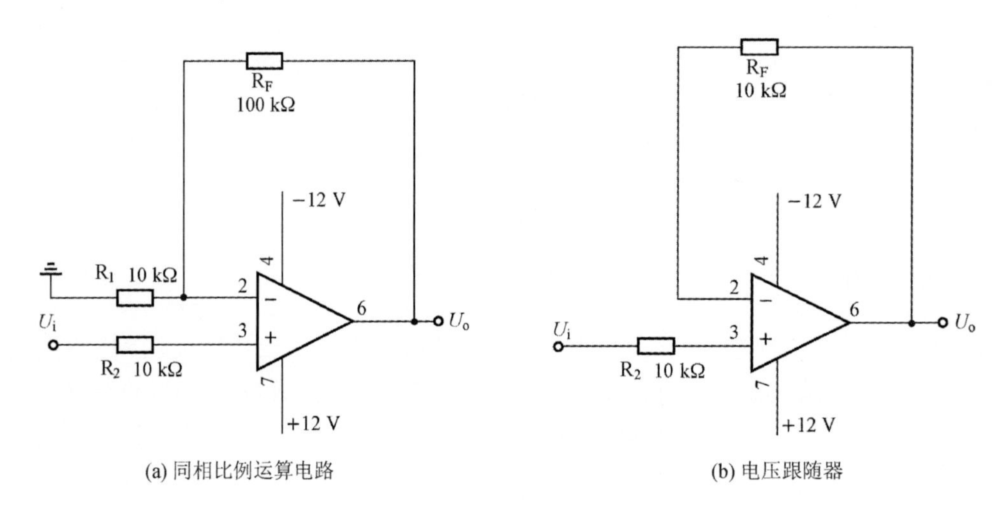

(a) 同相比例运算电路　　(b) 电压跟随器

图 2-12　同相比例运算电路

3. 反相加法运算电路

反相加法运算电路如图 2-13 所示,输出电压与输入电压之间的关系为

$$U_o=-\left(\frac{R_F}{R_1}U_{i1}+\frac{R_F}{R_2}U_{i2}\right) \qquad R_3=R_1 /\!/ R_2 /\!/ R_F$$

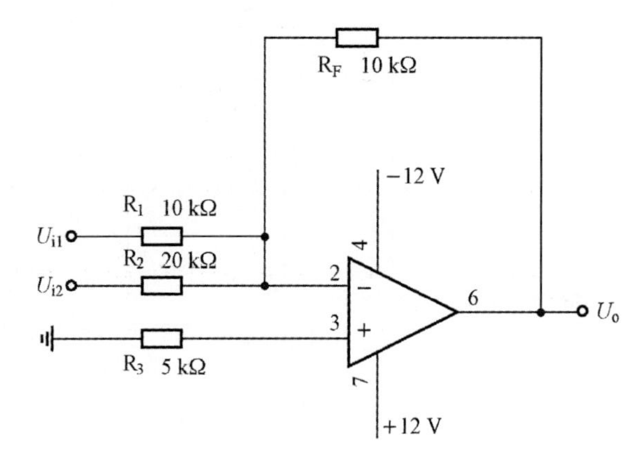

图 2-13　反相加法运算电路

4. 减法运算电路

对于图 2-14 所示的减法运算电路，当 $R_1=R_2$，$R_3=R_F$ 时，有如下关系式：

$$U_c=\frac{R_F}{R_1}(U_{i2}-U_{i1})$$

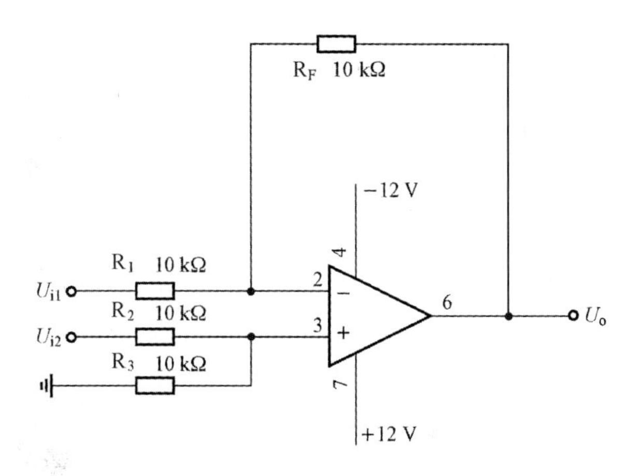

图 2-14　减法运算电路

四、实验内容

注意电路板上芯片的正负极，一定不要将实验箱的电源正负极接反。

1. 反相比例运算电路

① 按图 2-11 所示正确连接实验电路。电路板＋12 V 接实验箱＋12 V，电路板－12 V 接实验箱－12 V，电路板和实验箱共地，根据电路图接入电路板上对应的元器件，检查无误后，方可将实验箱的电源开关打开。

② 通过数字信号发生器提供一个 $f=1\ 000$ Hz，$U_i=0.5$ V(峰-峰值)的正弦交流信号接入 U_i 两端，用数字示波器的 CH1、CH2 通道分别观测 U_i、U_o 波形的相位关系，同时将 U_i、U_o 电压值记录于实验原始数据记录表的表 2-15 中。计算出 A_u，将实验值与理论值相比较分析产生误差的原因。

2. 同相比例运算电路

① 按图 2-12(a)所示正确连接实验电路。实验步骤同反相比例运算电路的第②步一样接入信号，将结果记入实验原始数据记录表的表 2-16(a)中。

② 将图 2-12(a)改为图 2-12(b)所示电路，测量各电压的值并填入实验原始数据记录表的表 2-16(b)中。

3. 反相加法运算电路

① 先按图 2-13 所示正确连接实验电路。

② 输入信号采用直流信号源，XK 系列实验箱上提供有直流信号源 U_{i1}、U_{i2}，用数字万用表直流电压挡测量输入电压 U_{i1}、U_{i2}(且要求均在－0.5～＋0.5 V 之间)及输出电压 U_o，记入实验原始数据记录表的表 2-17 中。

4. 减法运算电路

① 先按图2-14所示正确连接实验电路。

② 采用直流输入信号,实验步骤同“3.反相加法运算电路”,记入实验原始数据记录表的表2-18中。

五、预习后回答下面的问题

① 熟悉有关集成运放基本运算电路的知识。

② 在反相比例运算电路中,电阻器 R_2 的作用是什么?对这个电阻器有什么要求?

六、实验报告

① 整理并分析实验数据，将实验结果与理论值对比，加深对基本运算电路的理解。

② 总结本次实验中 4 种运算电路的特点与性能。

实验原始数据记录表

表 2-15　U_i=0.5 V(峰-峰值)，f=1 000 Hz(按反相比例运算电路接法)

U_i/V	U_o/V	U_i 波形	U_o 波形	A_u	
				实测值	计算值

表 2-16　按同相比例运算电路接法

(a)　U_i=0.5 V(峰-峰值)，f=1 000 Hz

U_i/V	U_o/V	U_i 波形	U_o 波形	A_u	
				实测值	计算值

(b)　U_i=2 V(峰-峰值)，f=1 000 Hz

U_i/V	U_o/V	U_i 波形	U_o 波形	A_u	
				实测值	计算值

表 2-17　按反相加法运算电路接法

U_{i1}/V	+0.2	+0.4	−0.1	−0.3	−0.5
U_{i2}/V	−0.1	−0.3	+0.5	+0.2	+0.4
U_o/V 计算值					
U_o/V 实测值					

表 2-18　按减法运算电路接法

U_{i1}/V	+0.2	+0.4	−0.1	−0.3	−0.5
U_{i2}/V	−0.1	−0.3	+0.5	+0.2	+0.4
U_o/V(计算值)					
U_o/V(实测值)					

指导教师：

实验日期：

实验七　功率放大电路

一、实验目的

① 了解 OTL 功率放大电路静态工作点的调整方法。

② 学习功率放大器电路参数的测量方法。

③ 了解交越失真产生的原因及其解决的办法。

二、实验仪器

① 数字万用表	一块
② 函数信号发生器	一台
③ 数字示波器	一台
④ 模拟电子实验仪	一台
⑤ 模拟电路板	一块

三、实验原理及电路图

该电路由三极管 T_3 构成前置放大级，T_2、T_3 是一对参数对称的 NPN 和 PNP 型三极管，它们组成互补推挽 OTL 功率放大电路的输出级。放大器的终端往往要接负载，如发光装置、发声装置等。要使这些装置能正常工作，放大器不但要输出足够的电压，还要有一定的驱动电流，也就是末级放大器的输出功率要足够大。此外，还要求末级功率放大器的效率要尽量高，对信号放大不失真。互补推挽带自举电路的功率放大器能基本满足上述要求，其基本电路广泛用于一般的末级功率放大的场合。OTL 低频功率放大器如图 2－15 所示。

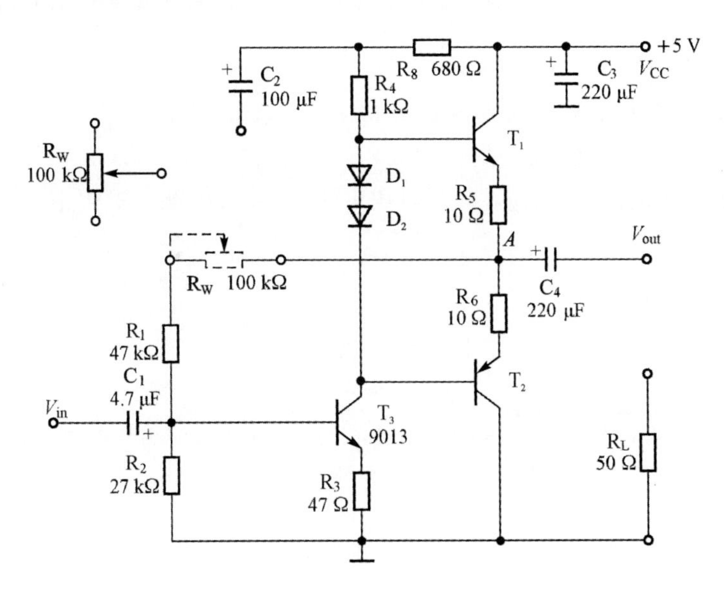

图 2－15　OTL 低频功率放大器

四、实验任务

1. 静态工作点的测试

按照图2-15所示接好电路,电源进线中串入实验箱上的电流表,即实验箱的+5 V接电流表的红插孔,电流表的黑插孔接模块的V_{CC}插孔。此时要注意电流表的幅度,如果满偏,则电流过大,检查线路是否有误。将电位器R_W接到模块虚线处,检查线路无误后,将实验箱的电源开关打开,调节电位器R_W,用数字万用表的DCV20V挡测量A点电位,使$U_A=V_{CC}/2$。由于电流表是串联在电源进线中的,因此测得的是整个放大电路的电流,但一般T_3的集电极电流I_{C3}较小,从而可以把测得的总电流近似当作末级的静态电流。若要准确地得到末级静态电流,则可从总电流中减去I_{C3}之值。

2. 测量最大输出功率P_{om}

在输入V_{in}端接入$f=1$ kHz、幅值为0的正弦信号U_i,输出端用数字示波器观察输出电压U_o的波形。注意黑色的夹子始终夹在地端。逐渐增大U_i,使输出电压达到最大不失真,记录此时的输出电压U_o的值,计算最大输出功率:

$$P_{om}=U_o^2/R_L$$

3. 计算功率放大器的效率

当输出电压达到最大不失真时,读出电流表中的电流值,此时电流即为直流电源供给的平均电流I_{av}(有一定误差),由此可近似求得$P_E=V_{CC}I_{av}$,再根据上面测得的P_{om},即可求出:

$$\eta=(P_{om}/P_E)\times 100\%$$

4. 输入灵敏度的测试

根据输入灵敏度的定义,只要测出输出功率$P_o=P_{om}$时的输出电压值U_i即可。

5. 频率响应的测试

测试方法同多级放大频率响应测试方法一致,数据记录于实验原始数据记录表的表2-19中。

测试时,为保证电路的安全,应在较低电压下进行,在整个测试过程中,应保持U_i的幅值不变,且输出波形不失真。

6. 研究自举电路的作用

① 测量有自举电路,$P_o=P_{o\max}$时的电压增益$A_u=U_{om}/U_i$。

② 将电容器C_2开路,再测量$P_o=P_{o\max}$时的电压增益A_u。

用数字示波器观察这两种情况下的输出波形,并将以上两项测量结果进行比较,分析研究自举电路的作用。

五、预习后回答下面的问题

① 复习关于互补对称功率放大器的工作原理和分析方法。

② 估算出 OTL 功率放大电路的最大输出功率和效率。

六、实验报告

① 整理实验数据，并与理论值进行比较，画出频率响应曲线。

② 计算最大不失真输出功率 P_{om} 和效率 η。

③ 分析自举电路的作用。

④ 实际得到的效率和理想状态下的效率相差大吗？你有什么好的方法来提高电路的效率？

实验原始数据记录表

① 静态工作点的测试 $I_{C1}=I_{C2}=$　　mA，$U_A=2.5$ V。

② 测量最大输出功率 $P_{om}=$　　W，$U_o=$　　V。

③ 计算出效率 $\eta=$　　，$I_{av}=$　　mA。

④ 输入灵敏度的测试：当 $P_o=P_{om}$ 时的输入电压 $U_i=$　　V。

⑤ 频率响应的测试。

表 2-19　$U_i=$　　mV

参　数	f_L					f_o	f_H				
f/Hz											
U_o/V											
A_u											

⑥ 测量有自举电路时，$U_i=$　　mV，$U_{om}=$　　V。

测量无自举电路（将电容器 C_2 开路）时，$U_i=$　　mV，$U_{om}=$　　V。

⑦ 画出加入自举电路和未加自举电路的输出电压的波形，并将结果进行比较。

指导教师：

实验日期：

实验八　直流稳压电源

一、实验目的

① 研究稳压电源的主要特性，掌握串联稳压电源的工作原理。

② 学会稳压电源的调试及测试方法。

二、实验仪器

① 数字万用表　　　　　　　一块

② 函数信号发生器　　　　　一台

③ 数字示波器　　　　　　　一台

④ 模拟电子实验仪　　　　　一台

⑤ 模拟电路板　　　　　　　一块

三、电路原理

实验模板如图 2-16 所示。

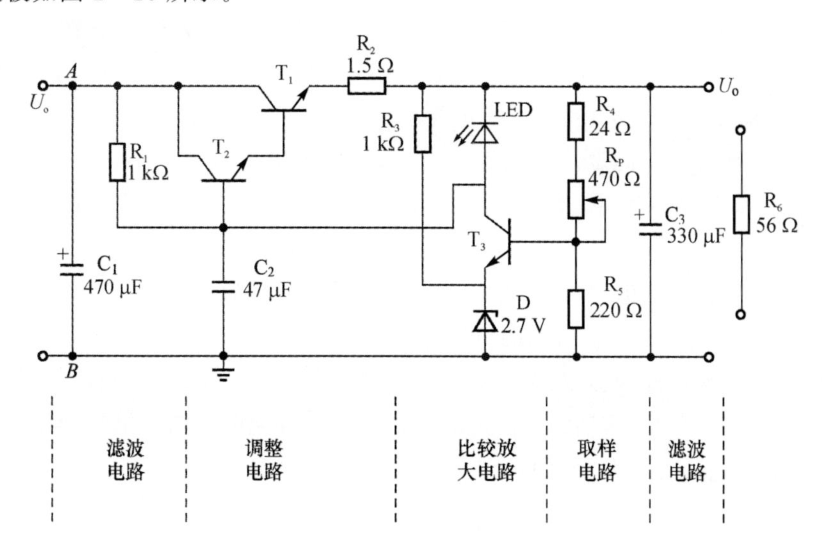

图 2-16　实验模板

① 取样环节，由电阻器 R_4、R_5 及电位器 R_P 组成的分压电路构成，它将输出电压 U_o 分出一部分作为取样电压 U_F 送到比较放大环节。

② 基准电压，由稳压二极管 D 和电阻器 R_3 构成的稳压电路得到，它为电路提供一个稳定的基准电压 U_z，作为调整、比较的标准。

③ 比较放大环节，由三极管 T_3 和电阻器 R_1 构成的直流放大器组成，其作用是将取样电压 U_F 与基准电压 U_z 之差放大后去控制调整管 T_1、T_2。

④ 调整环节,由工作在线性放大区的调整管 T_1、T_2 组成,T_2 的基极电流 I_{B2} 受比较放大电路输出的控制,它的改变又可使集电极电流 I_{C2} 和集、射电压 U_{CE2} 改变,从而使 T_1 的基极电流 I_{B1} 改变,T_1 的集、射电压 U_{CE1} 改变,达到自动调整稳定输出电压的目的。

四、实验步骤

1. 静态测试

① 看清楚实验电路板的接线,查清引线端子。通电检测后,不要急于测试,先要用眼看、用鼻闻,观察有无异常现象,如果出现元器件冒烟、有焦味等异常现象,要及时中断通电,等排除故障后再行通电检测。

② 按图2-16所示接线,负载电阻器 R_6 开路,即稳压电源空载。

③ 调试输出电压的调节范围。

先将实验箱上+5~+27 V直流电源调到9 V,用数字万用表的直流挡测量。将这9 V电源接到电路板 U_i 端,调节电路板上的电位器 R_P,用数字万用表测量输出端电压 U_o,观察输出电压 U_o 的变化情况。把 U_o 的最大值和最小值记录于实验原始数据记录表的表2-20中。

2. 动态测量

① 测量电源稳压特性,使稳压电源处于空载状态,调节可调电源的电位器,模拟电网电压波动±10%,即 U_i 由8 V变到10 V,测量相应的 U_o,根据公式计算稳压系数。

② 实验箱低压交流电源的电源开关拨在"OFF"的位置,将实验箱上低压交流电源与元件库中各元器件按图2-17所示接好线,一定要注意二极管的正负极性,整流桥交流输入端分别接变压器的"9 V"和地端。确定接线正确无误后,把电源开关拨在"ON"的位置,用数字示波器观察 U_2 点波形,用数字万用表的交流挡测量变压器副边 U_2 的电压值,记录于实验原始数据记录表的表2-21中;用数字示波器观察 U_z 点的波形,即整流输出的电压波形,用数字万用表的直流电压挡测量 U_z 的值,将波形和数据分别记录于实验原始数据记录表的表2-21中。

③ 接滤波电容:将图2-16所示的电压输入端 U_i(A、B 点)接到图2-17所示的整流滤波电路输出端(a、b 点),也即接通 $A-a$,$B-b$,整流桥的"+""-"分别接滤波电容的"+""-",用数字示波器观察 U_i 两端波形。用数字万用表的直流电压挡测出 U_i 两端的电压值,记录于实验原始数据记录表的表2-21中。

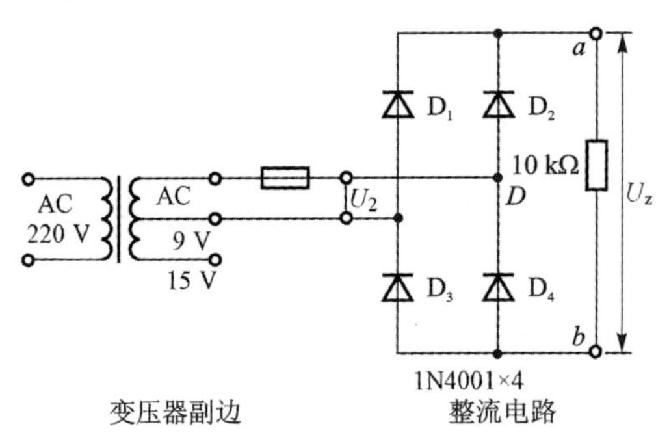

图2-17 实验箱上电路整流电路

④ 测量纹波电压：将负载电阻器 R_L 接在输出端，用数字示波器测出 U_i 和 U_o 的交流分量（即纹波电压），将测量结果记录于实验原始数据记录表的表 2-20 中。

⑤ 测量电路的基准电压：用数字万用表的直流电压挡测出 D 点电压，记录于实验原始数据记录表的表 2-20 中。

五、预习后回答下面的问题

① 复习稳压电源电路的工作原理。

② 指出原理图中各元件的作用。

变压器　　整流桥

C_1：________________　　C_2：________________

C_3：________________　　R_L：________________

六、实验报告

① 计算稳压系数 $S_r=(\Delta U_o/U_o)/(\Delta U_i/U_i)$。

② 简要叙述实验出现的故障以及排除的方法。

实验原始数据记录表

表 2－20　电压值

$U_{o\ min}$/V	$U_{o\ max}$/V	纹波电压 U_i/mV	纹波电压 U_o/mV	基准电压 U_d/V	稳压系数 S_r

表 2－21　各端输出电压值及波形

	电压值/V	波　形	说　明
U_2			交流输入端
U_z			整流输出端
U_i			整流、滤波输出端（模块输入端）
U_o			稳压输出端

指导教师：

实验日期：

第3章 模拟电路仿真实验

随着科技的发展,传统的电子电路的设计方法效率还是偏低,难以满足科技飞速发展的需求,引入电子设计自动化技术后,将可以极大地提高电子电路设计质量与效率,因此熟练掌握电子设计自动化技术是电类专业的基本要求。

Multisim是标准的SPICE(通用模拟电路仿真器)仿真和电路设计软件,适用于模拟、数字和电力电子领域的教学和研究。它为用户提供了一个集成一体化的设计实验及交互式电路图环境,建立电路、实验分析和输出结果在一个集成菜单系统中即可全部完成。可即时可视化和分析电子电路,其直观的界面可帮助学生理解电路理论,高效地记忆工程课程的理论。

Multisim是NI公司推出的仿真工具,我们可以在NI官方网站上下载最新版本的Multisim软件。拥有一台安装了Multisim仿真软件的计算机,就相当于拥有一个测试仪器先进、元器件品种齐全的小型实验室。

Multisim是以Windows为基础的仿真工具,现在支持最新版Multisim的操作系统有Windows 10、Windows 8.1、Windows 7及Windows Server。

实验一 基本放大电路仿真

一、实验目的

① 进一步学习Multisim软件的使用方法。

② 学会使用Multisim软件分析单极晶体管共射放大电路的各种性能指标。

③ 学习如何通过改变元器件参数来得到不同的放大倍数。

二、实验仪器

装有最新版本Multisim软件的计算机一台。

三、实验电路

基本放大电路图如图3-1所示。

1. 新建Multisim仿真电路图

打开Multisim仿真软件,单击File菜单按钮,选择其中的New选项新建一个仿真工作区,选择Save选项保存仿真电路图。

2. 放置元器件

① 单击元件工具栏中的第4个标签放置晶体管(Place Transistor),在弹出的对话框中选择BJT_NPN类型,如图3-2所示,任意选择一款NPN型晶体管并单击OK按钮,即可将其放置在工作区。

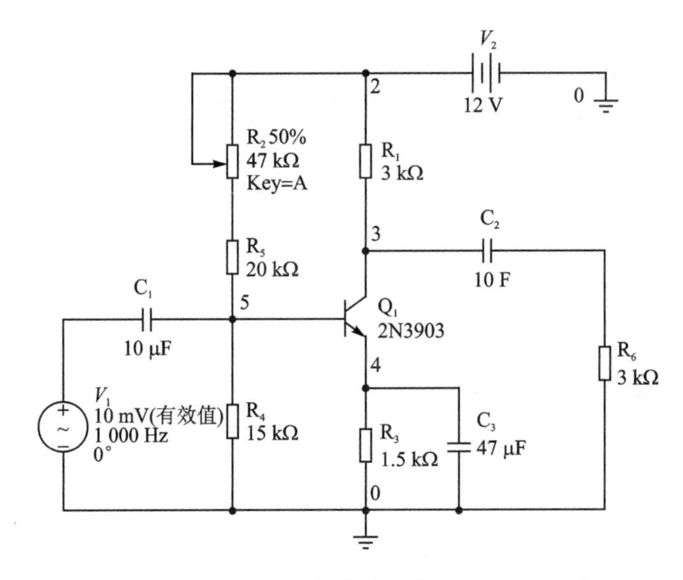

图 3-1　基本放大电路图

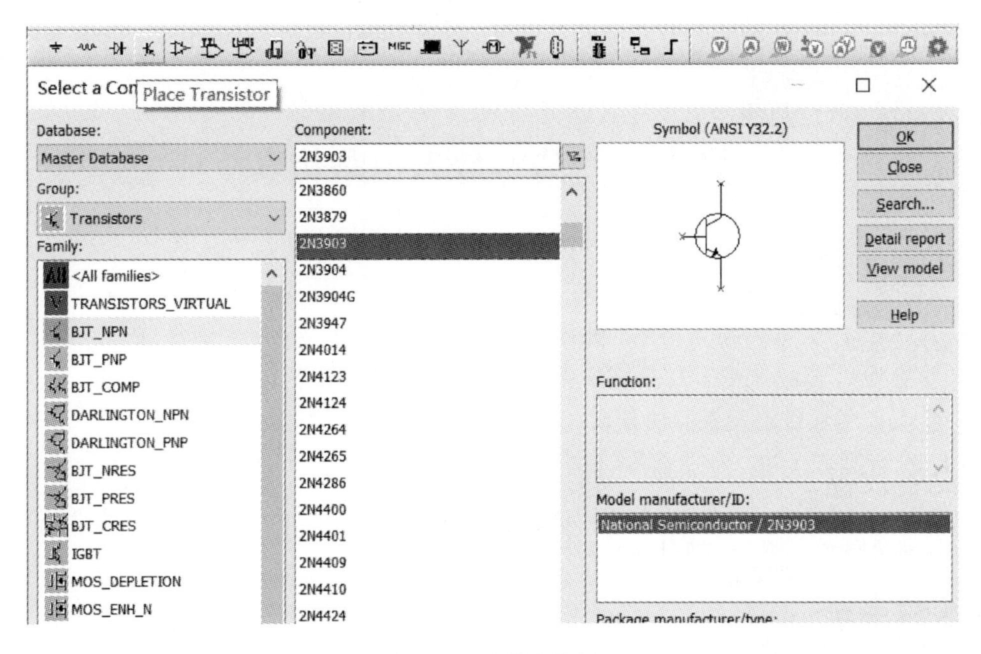

图 3-2　晶体管选择

② 单击元件工具栏中的第1个标签放置电源(Place Source),如图3-3所示,选择POWER_SOURCES(电源库),其中可以选择AC_POWER(交流信号源)、DC_POWER(直流信号源)、GROUND(地)等进行设置。

③ 单击元件工具栏中的第2个标签放置基本元件(Place Basic),在弹出的对话框中选择RESISTOR(电阻器),如图3-4所示,选择任意的电阻器阻值并单击OK按钮,将其放置在工作区,之后可更改阻值。

④ 以上几步选择元器件时,单击OK按钮后即选中了该元器件,移动光标时元器件会随

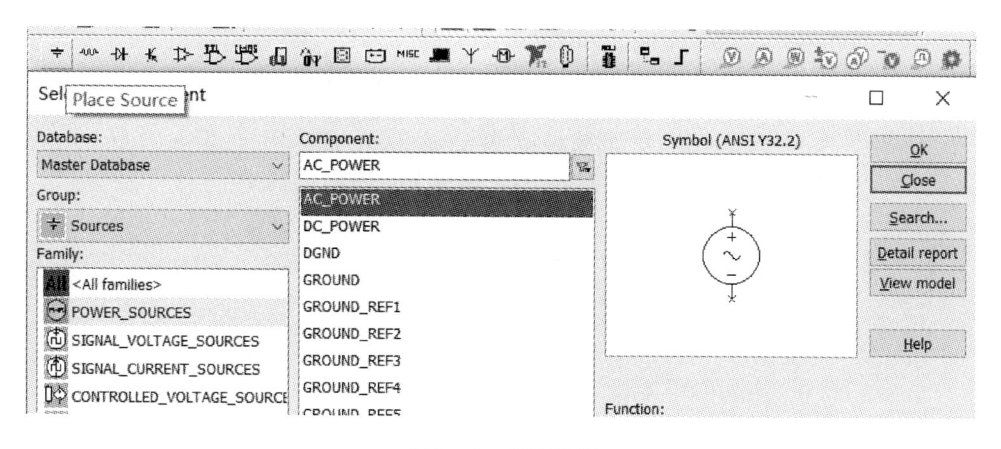

图 3-3　电源选择

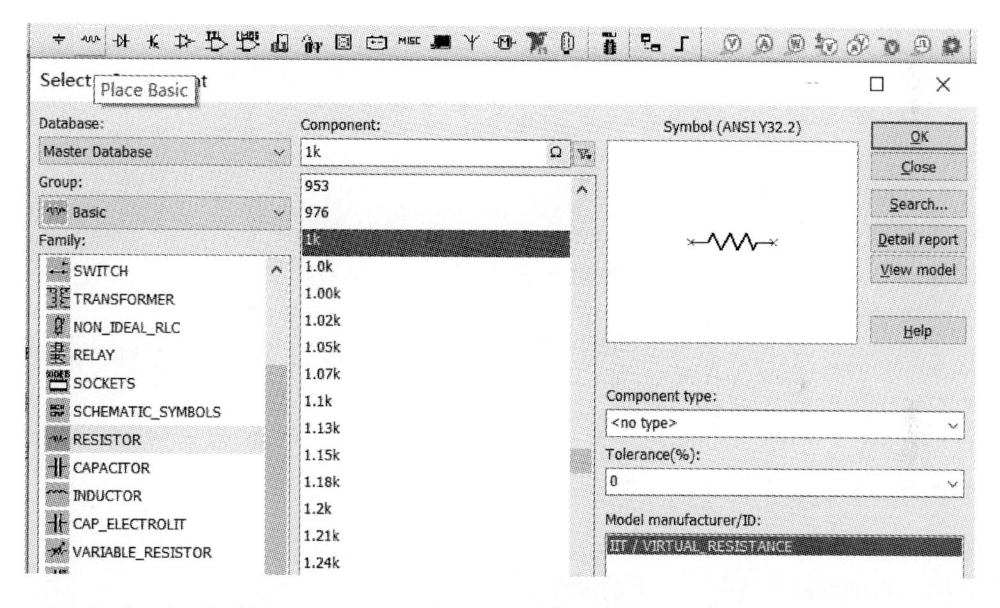

图 3-4　电阻器阻值的选择

着光标一起移动。若有需要，可以使用快捷键 Ctrl+R 或 Alt+X 旋转或翻转元器件，单击，即可将元器件放置在工作区内。

⑤ 重复步骤①～④，将电路图所需其他元器件放置在工作区内。我们可以使用快捷键 Ctrl+C 和 Ctrl+V 复制及粘贴同类型元器件。若想删除不需要的元器件，则单击元器件，该元器件符号周围会出现一个矩形框，选择菜单栏中 Edit→Delete 选项或按下键盘上的 Delete 键，即可删除该元器件。

3. 电路连线

① 将光标移至元器件符号引脚端点处，光标指针将会改变，单击，再将光标移至要连接的另一个元器件符号引脚端点处，再次单击，即可完成一根连线的连接。连线过程中，如果需要改变连线方向，则可以通过单击进行。

② 重复第①步,完成所有连线。注意线与线之间相交时,若交点有圆点,则表示两条线相连;若没有圆点,则表示两条线没有相连。

③ 在仿真时,需要对某些重要节点的参数进行测量、仿真。双击某一节点的连线,在弹出的对话框中将显示 Net name(节点序号),如图 3-5 所示,可以选中 Show net name(when net-specific settings are enabled)复选框,让节点序号在工作区内显示。

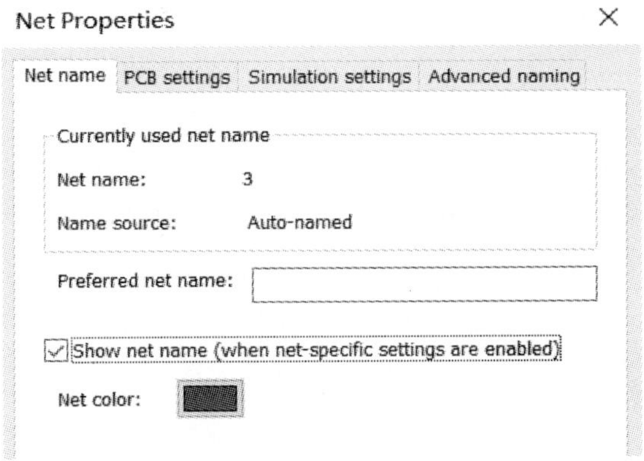

图 3-5 显示节点序号

4. 修改元器件参数

① 双击需要改变参数的元器件符号,将会弹出属性编辑对话框。

② 在属性编辑对话框的 Label 选项卡中可以修改元器件标号(RefDes)。

③ 在属性编辑对话框的 Value 选项卡中可以改变电阻器、电容器等元器件的阻值、容量等参数。

④ 重复步骤①~③,可以修改所有元器件的参数。

5. 调节静态工作点

静态工作点是否合适,对放大电路的工作状态、输出的波形等都有很大的影响。所以需要先确定 U_{CE},再测量晶体管各极对地的电压 U_B、U_C、U_E 并计算 I_E 等参数。

① 在调节静态工作点之前将信号源和负载从电路中断开,也可以直接删除信号源与负载,将放大器输入端、输出端与地端短接。单击仿真工具栏中的设置仿真按钮,在弹出的对话框中单击 Interactive Simulation(交互式仿真)按钮,然后单击 Save(保存)按钮。

② 在仪器工具栏中选择 Multimeter(万用表)添加到工作区中。

③ 万用表正极连接晶体管集电极,负极连接晶体管发射极,电路如图 3-6 所示。

④ 单击仿真工具栏中的 Run(运行)按钮,调节基极电位器 R_2 或其他电阻器阻值,使 U_{CE} 处于 5~6 V 之间即可(为电源电压的 1/3~1/2)。双击万用表,打开万用表窗口。万用表即可显示晶体管集电极与发射极之间的电压值(U_{CE}),如图 3-7 所示。

如果要观察电路中其他各点的电压,则可以放置 Probe(探针)在所测点上,即可读出所需要的数据。

调整基极上偏置电阻可以改变静态工作点,但若静态工作点过高,则会产生饱和失真;若过低,则会产生截止失真。晶体管的静态工作点并不是唯一的,工作点"偏高"与"偏低"也不是

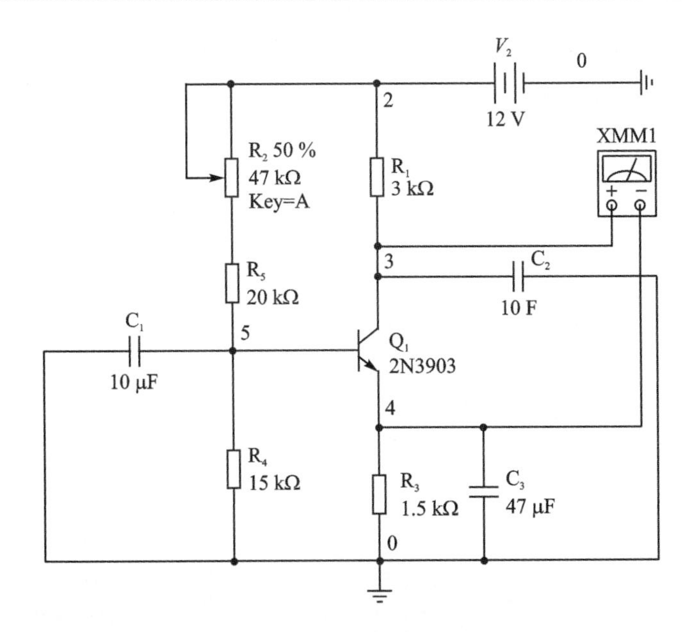

图 3-6　调试电路图静态工作点

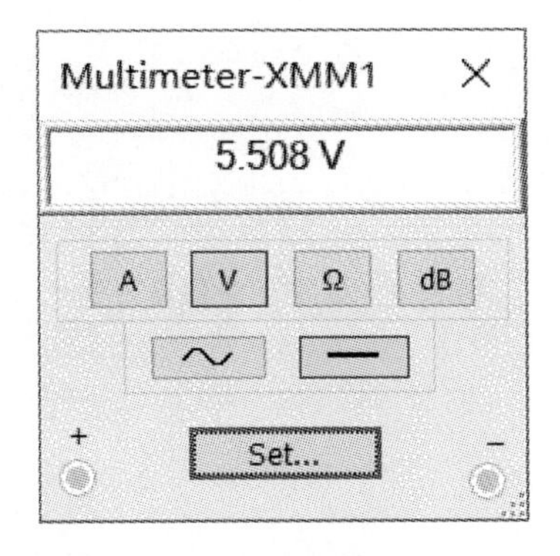

图 3-7　用万用表测量 U_{CE} 的值

绝对的，应该根据具体情况做出相应的调整。

6. 观察输入/输出波形

① 在仪器工具栏中选择 Oscilloscope(示波器)添加到工作区中。

② 示波器有两路通道：一路通道接到输入两端；另一路通道接到输出两端。可以通过双击连线来修改连线的颜色，例如输入设置为红色线，输出设置为蓝色线，示波器波形的颜色与连线的颜色相同，改变颜色方便观察波形。

③ 在设置仿真的功能时，选择交互式仿真，一定要单击对话框下方的 Save(保存)按钮。

④ 双击工作区中的示波器可以打开示波器窗口。调节示波器窗口下方的选项，可以改变波形的大小、位置等。示波器波形窗口内有两个游标，移动游标在示波器窗口下方会显示出与游标相交的两个通道的波形的电压值以及时间，可以使用自己所需要的数据计算出放大倍数。

⑤ 单击仿真工具栏中的 Run(运行)和 Stop(停止)按钮，测量的波形即可在示波器窗口中显示出来。

如图3-8所示,波形1是经放大后的输出信号,波形2是输入信号(单击Reverse按钮,可以改变数字示波器背景颜色)。

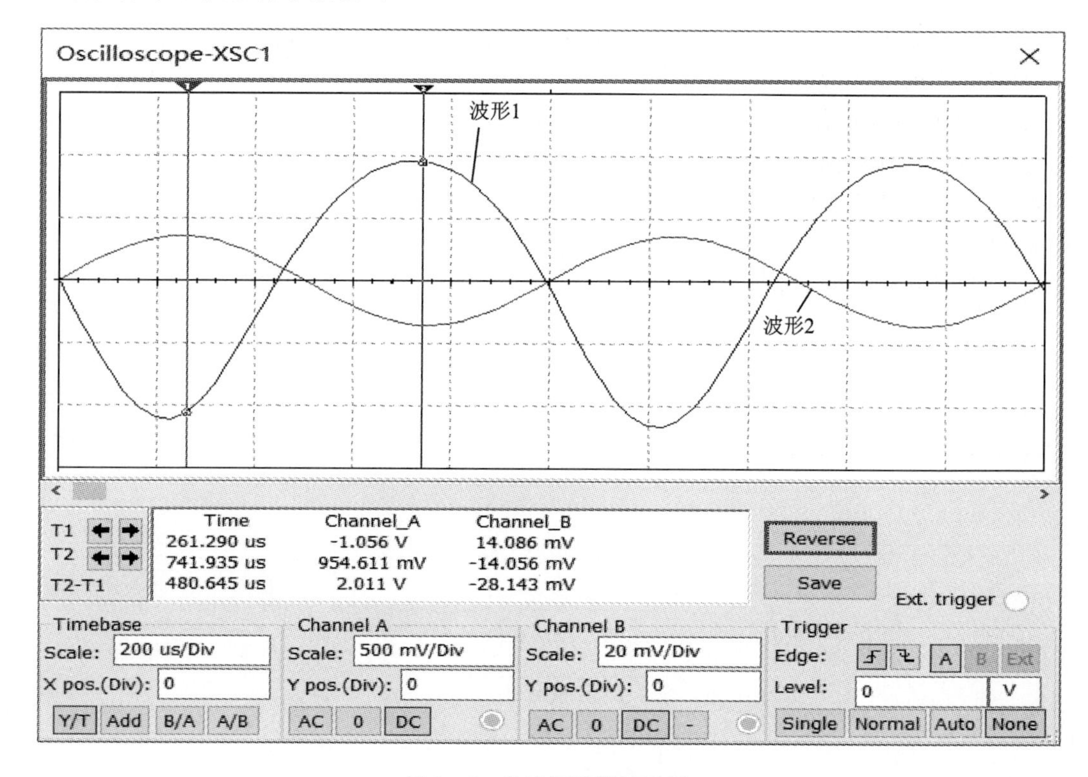

图3-8 数字示波器波形图

四、实验报告

① 使用 Multisim 软件搭建基本放大电路仿真图，测出在空载和负载状态下的最大且不失真时的输出电压 U_o 波形图，并计算出放大倍数 A_u，填入实验原始数据记录表的表 3－1 中。

② 能否在负载状态下改变电路参数，得到最大且不失真时 A_u 是自己学号后两位数的波形。如果可以，则画出此时的波形图并计算出此时的 A_u，填入实验原始数据记录表的表 3－1 中；如果不可以，请说明原因。

③ 仿真出改变工作点后的波形图，如截止失真图和饱和失真图，并测量出此时的 U_{CE}，填入实验原始数据记录表的表 3－2 中。

实验原始数据记录表

表 3－1　空载和负载时的波形图

状态 / 波形	空载时	负载(　　　)时	负载(　　　)时
一个周期波形			
A_u			学号最后两位数(　)

表 3－2　改变工作点后的波形图

状态 / 波形	截止失真	饱和失真
一个周期波形		
U_{CE}		

指导教师：

实验日期：

实验二　集成运算放大器仿真

一、实验目的

① 进一步学习 Multisim 软件的使用方法。

② 学会使用 Multisim 软件分析集成运算放大电路的各种波形图。

③ 学习改变元器件参数,观察输出与输入关系的变化。

二、实验仪器

装有 Multisim 软件最新版本的计算机一台。

三、实验电路

1. 新建 Multisim 仿真电路图

打开 Multisim 仿真软件,单击 File 菜单按钮,选择其中的 New 选项新建一个仿真工作区,选择 Save 选项保存仿真电路图。

2. 放置运算放大器

① 单击元件工具栏中的第 5 个标签放置模拟器件(Place Analog),如图 3－9 所示,在弹出的对话框中选择 OPAMP(运算放大器)类型,任意选择一款运算放大器并单击 OK 按钮,将其放置在工作区。

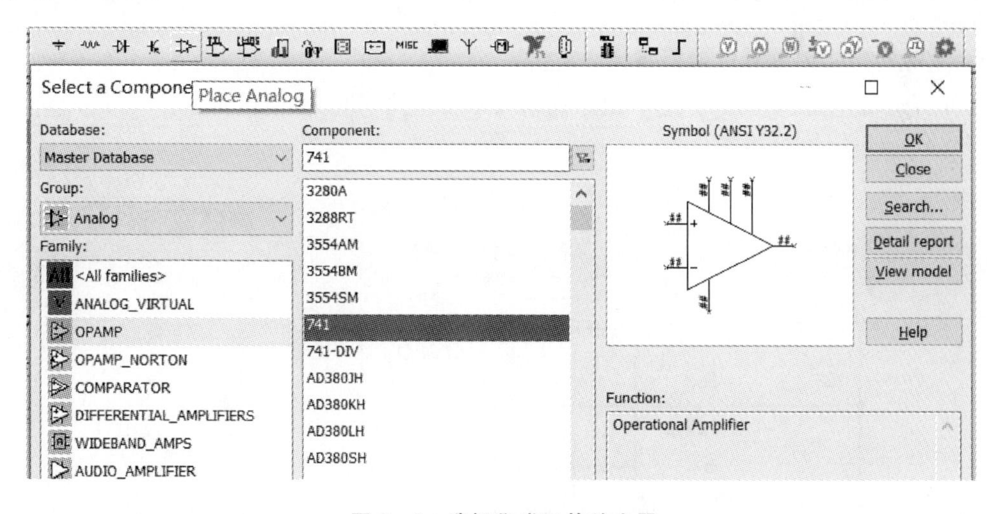

图 3－9　选择集成运算放大器

② 单击元件工具栏中的第 1 个标签放置电源(Place Source),选择 POWER_SOURCES(电源库),其中可以选择 AC_POWER(交流信号源)、DC_POWER(直流信号源)、GROUND(地)等进行设置。

③ 单击元件工具栏中的第 2 个标签放置基本元件(Place Basic),在弹出的对话框中选择 RESISTOR(电阻器),选择任意的电阻器阻值并单击 OK 按钮,将其放置在工作区,之后可更

改阻值。

3. 搭建反相比例运算电路仿真图

选择合适的电源、电阻器搭建反相比例运算仿真电路,如图3-10所示。

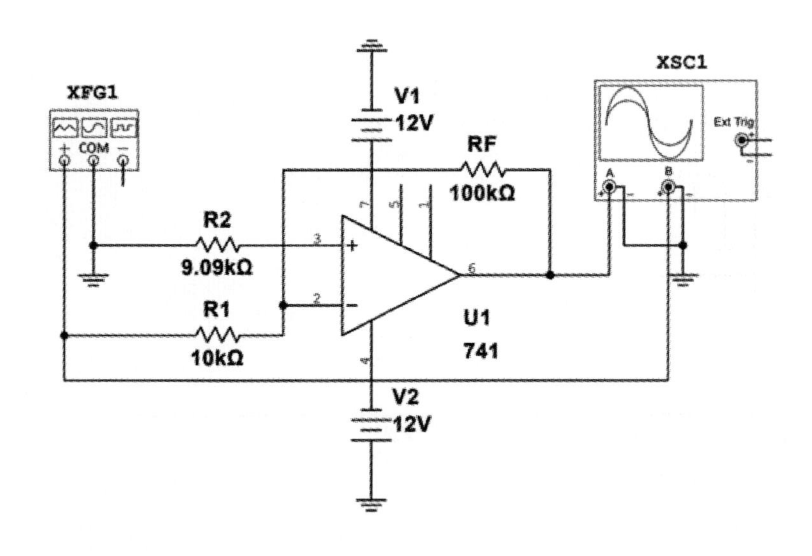

图3-10 反相比例运算仿真电路

该电路的输出电压与输入电压的关系满足$U_o=-\frac{R_F}{R_1}U_i$,平衡电阻$R_2=R_1//R_F$。

4. 搭建同相比例运算电路仿真图

选择合适的电源、电阻器搭建同相比例运算仿真电路,如图3-11所示。

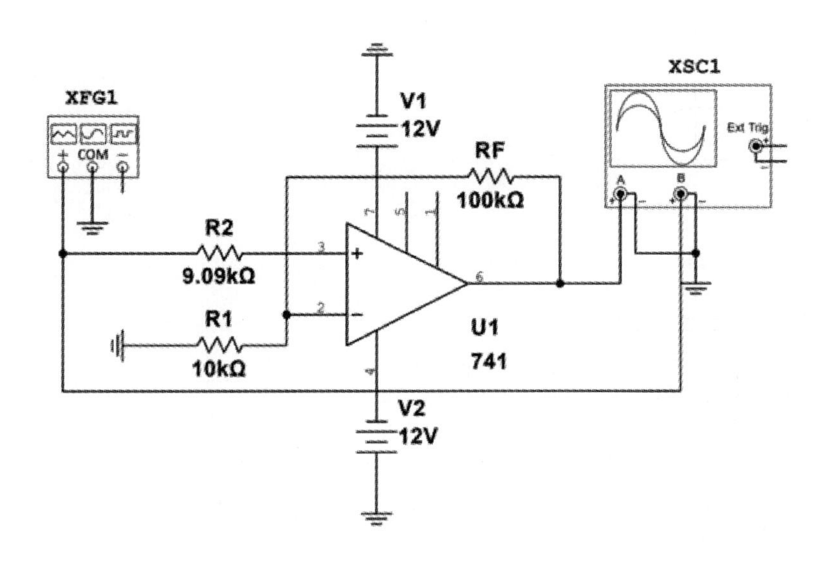

图3-11 同相比例运算仿真电路

该电路的输出电压与输入电压的关系满足 $U_o=\left(1+\frac{R_F}{R_1}\right)U_i$，平衡电阻 $R_2=R_1//R_F$。

5. 搭建电压跟随器电路仿真图

在同相比例运算仿真电路的基础上，搭建电压跟随器仿真电路，如图 3－12 所示。

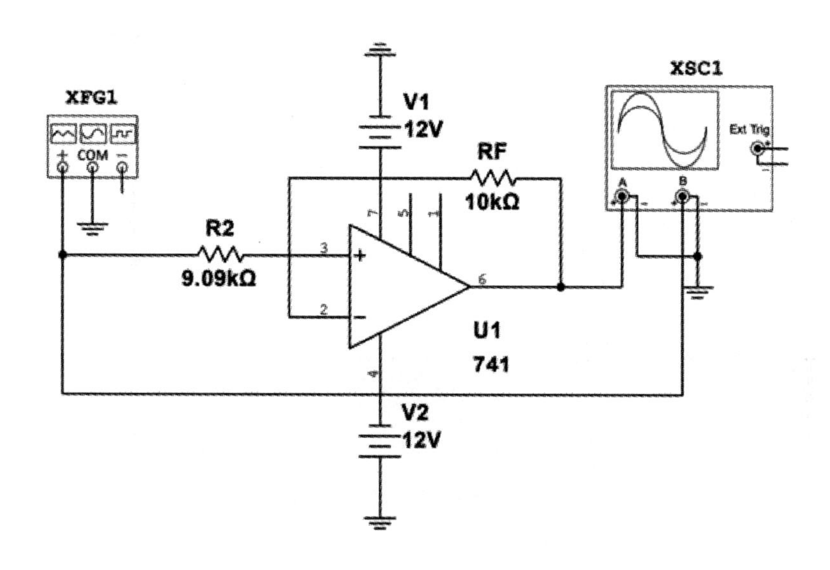

图 3－12　电压跟随器仿真电路

6. 观察各电路输入/输出波形

① 反相比例运算仿真电路仿真出的波形图如图 3－13 所示。

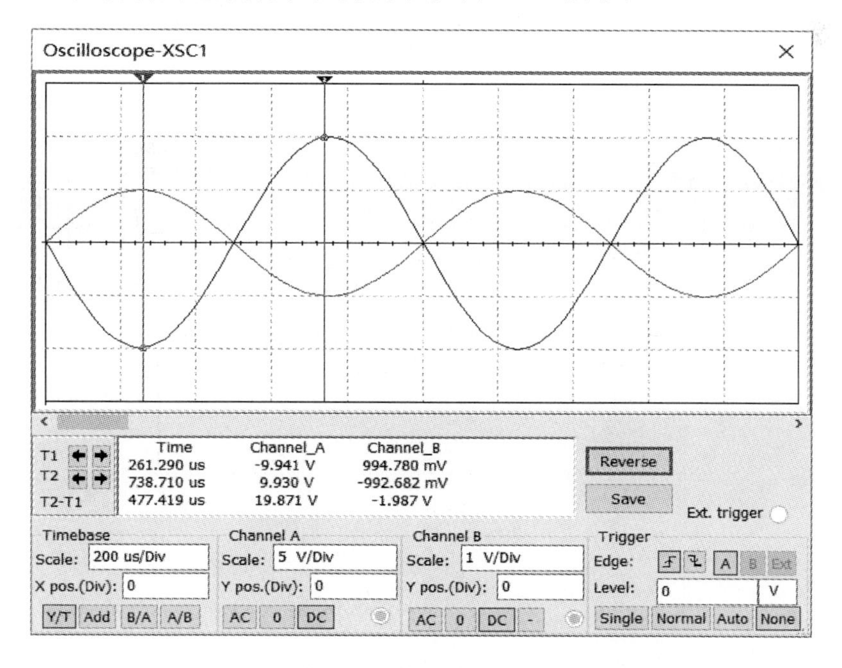

图 3－13　反相比例运算仿真电路仿真出的波形图

② 同相比例运算仿真电路仿真出的波形图如图 3－14 所示。

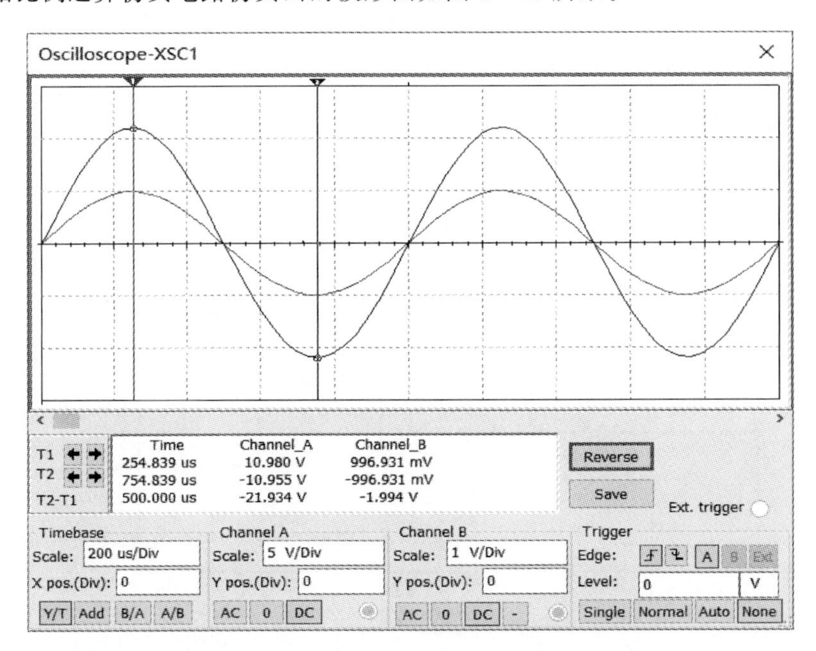

图 3－14　同相比例运算仿真电路仿真出的波形图

③ 电压跟随器仿真电路仿真出的波形图如图 3－15 所示。

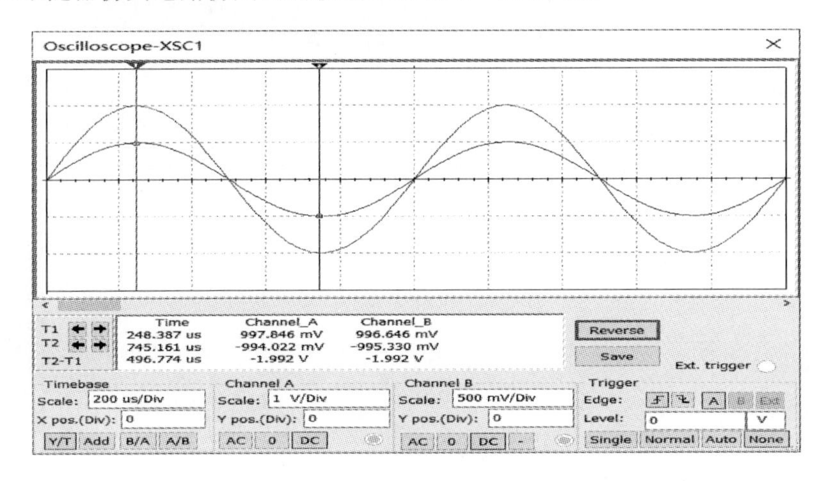

图 3－15　电压跟随器仿真电路仿真出的波形图

四、实验报告

① 使用 Multisim 软件搭建反相比例运算仿真电路，将仿真出的波形图及放大倍数 A_u 填入实验原始数据记录表的表 3－3 中，能否通过改变电路参数使得到的 A_u（见表 3－4）与自己学号后两位数一致，如果不能，请说明原因。

② 使用 Multisim 软件搭建同相比例运算仿真电路，仿真出波形图及放大倍数 A_u。

③ 使用 Multisim 软件搭建电压跟随器仿真电路，仿真出波形图及放大倍数 A_u。

实验原始数据记录表

表 3－3　各电路的波形图

周期 / 波形	一个周期波形	A_u
反相比例运算仿真电路		
同相比例运算仿真电路		
电压跟随器仿真电路		

表 3－4　改变电路参数后的波形图

周期 / 波形	一个周期波形	A_u（学号后两位数）	参数改变说明
反相比例运算仿真电路			
同相比例运算仿真电路			
电压跟随器仿真电路			

指导教师：

实验日期：

第 4 章　模拟电子技术设计型实验

实验一　集成稳压双电源的安装与调试

一、设计实验目的

① 巩固识别及检测色环电阻器、电容器、整流二极管、变压器、发光二极管、三端稳压集成块、可调电阻器等元件的质量好坏。

② 学会安装调试可调集成稳压双电源。

③ 通过本设计型实验理解双电源整流电路及其工作原理。

④ 学会用数字或模拟示波器测量相关电量参数和关键点的电压波形。

⑤ 学会在覆铜板上手绘电路图，学会选择钻头的大小在覆铜板上进行打孔，学会如何腐蚀铜板。

⑥ 进一步练习使用电烙铁进行焊接电路板。

二、所需材料

所需材料列表见表 4－1。

表 4－1　材料列表(1)

序　号	名　称	规　格	数　量	序　号	名　称	规　格	数　量
1	芯片	LM317	1	7	电解电容器	470 μF/25 V	2
2	芯片	LM337	1	8	整流二极管	1N4007	4
3	色环电阻器	1 kΩ	2	9	发光二极管	3 mm 红	2
4	色环电阻器	240 Ω	2	10	洞洞板或覆铜板		1
5	3296 精密电位器	2 kΩ	2	11	排针		若干
6	电解电容器	100 μF/16 V	2	12	导线		若干

注：以上材料仅供参考，学生可以根据个人设计情况使用不同参数的元器件。

三、实践内容及步骤

① 元器件的识别与检测。清点并检测发放的所有元件，有漏发、错发、质量不好的，请及时提出并给予更换，以确保待装的每一个元件都是完好的。

② 识读、绘画及理解提供的电路原理图(见图 4－1)。识读电路原理图上所有元器件符号；按照画原理图的要求，将电路元器件端子接线图用铅笔画到白纸上；简述桥式整流、电容滤波、三端可调集成稳压电路的工作原理，并在原理图的关键测试点上画出各点的电压波形。

③ 电路的制作及步骤。该电路所有元件安装在一块大小合适的万能板上，先在一张稿纸

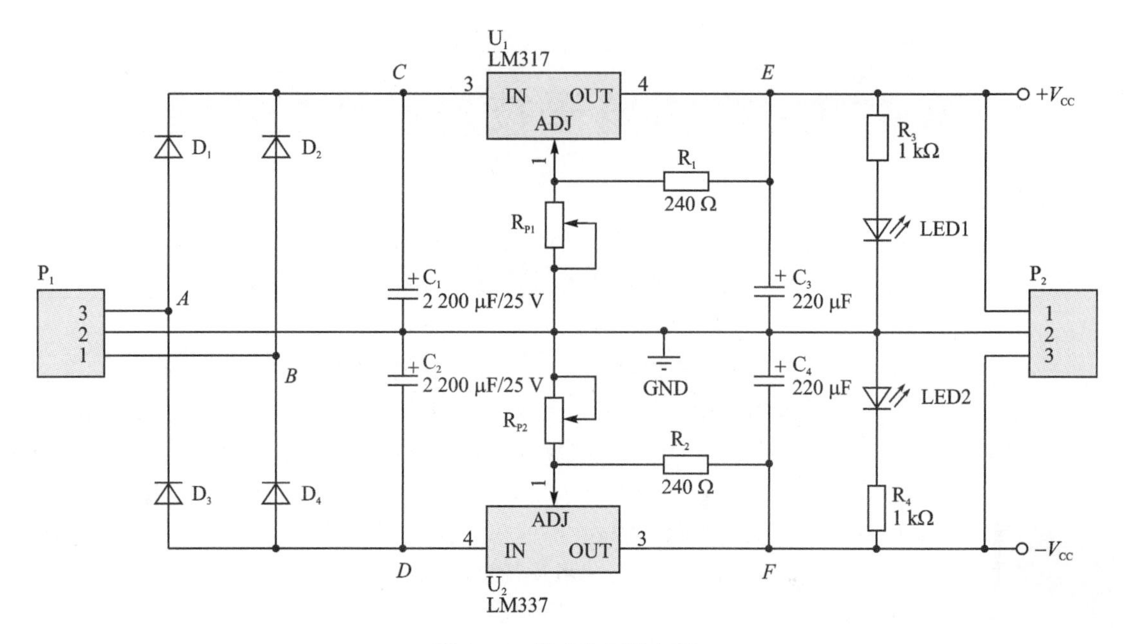

图 4-1　集成稳压双电源

上绘画出此电路的布局布线草图,可参考以下的布局布线图(见图 4-2)的方式自行设计,按布局草图在万能板上搭接元器件,检查无误后,按照正确的布线要求进行焊接。

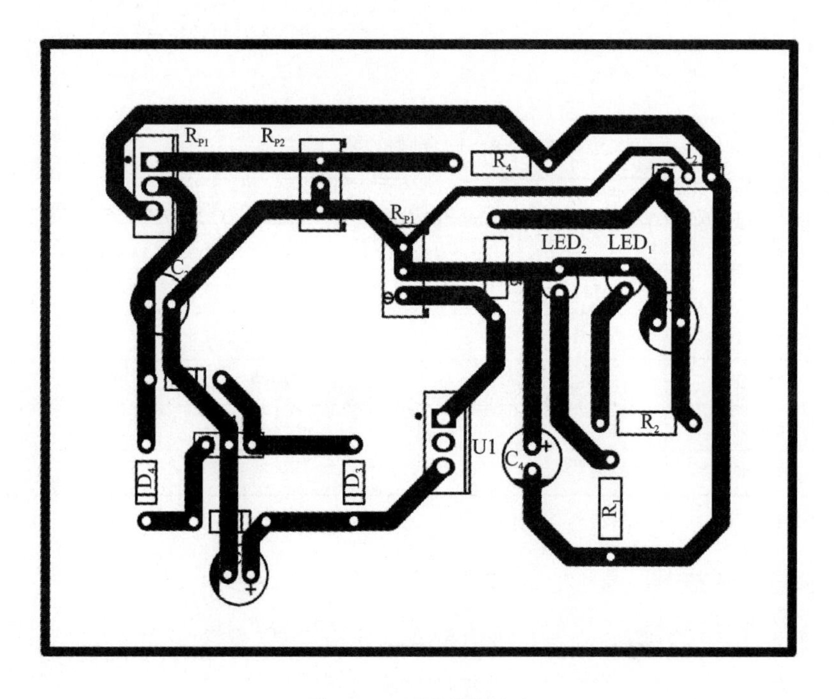

图 4-2　手绘草图(1)

四、调　试

图 4-3 所示为制作完成的作品。

① 上电前的检查。元件是否有装插错误，布线是否正确，焊点是否有虚焊、漏焊、假焊、短路及断路等现象。用数字万用表 R * 1 k 挡检测电源输入、输出端子，集成块输入、输出端是否有严重的短路现象。一般情况下电阻均在数千欧以上。

图 4 - 3　制作完成的作品(1)

② 在电路输入端子两端，输入一个小于 15 V 的交流电压后，两个发光二极管发光，说明电路良好。

③ 用数字万用表测量如表 4 - 2 所列的各点电压，并填入表中。

表 4 - 2　集成稳压双电源检测数据表

测量点	U_{AB}	U_A	U_B	U_C	U_D	U_E 范围	U_F 范围
电压/V							

注：U_{AB}、U_A、U_B 均为交流电压。其中，U_{AB} 表示 A、B 两点的交流电压，U_A 表示 A 点对地之间的交流电压，其他同理。

五、设计实验报告

① 请将设计型实验的主要内容按照自己的设计思路写到报告手册中，其中包括自己如何理解电路原理，如何构思整个过程，选择哪种方式制作(面包板、洞洞板、覆铜板)，如何手绘实物接线图，如何设置参数，如何焊接，如何调试等，在遇到问题时是如何解决的。

② 自己在设计中绘制的各种电路图以及作品图均需体现在报告手册中。

③ 在本次设计型实验中你学到了哪些知识，掌握了哪些技能，有哪些收获，还有哪些不懂的，希望在哪些地方得到帮助。

④ 在本次设计型实验中，你是否将模拟电子技术理论知识运用到了设计作品中，具体运用了哪些知识点，可以进行详细说明分析。

⑤ 在本次设计型实验中是否有创新点，是否有故障排除的过程，如果有，可以详细说明。

实验二　串联型直流稳压电源的安装与调试

一、设计实验目的

① 巩固练习检测三极管及其他常用元器件的好坏。

② 理解三极管的放大作用。

③ 理解串联型直流稳压电源的稳压原理。

④ 学会安装与调试串联型直流稳压电路。

⑤ 练习使用示波器检测电压波形。

二、所需材料

所需材料列表见表4-3。

表4-3　材料列表(2)

序　号	名　称	规　格	数　量	序　号	名　称	规　格	数　量
1	发光二极管	3 mm红1黄1	2	7	3296精密电位器	5 kΩ	2
2	电阻器	1 kΩ	4	8	稳压二极管	1N5998	1
3	电阻器	3 kΩ	2	9	三极管	8050	2
4	整流二极管	1N4007	4	10	洞洞板或覆铜板		1
5	电解电容器	220 μF/25 V	2	11	排针		若干
6	电解电容器	2 200 μF/25 V	1	12	导线		若干

注:以上材料仅供参考,学生可以根据个人设计情况使用不同参数的元器件。

三、实践内容及步骤

① 元器件的识别与检测。清点并检测发放的所有元器件,有漏发、错发、质量不好的,请及时提出并给予更换,以确保待装的每一个元器件都是完好的。

② 识读、绘制及理解提供的电路原理图(见图4-4)。识读电路原理图上所有元器件符号;按照画原理图的要求,将电路元器件端子接线图用铅笔画到白纸上;简述串联型直流稳压电路的工作原理,理解三极管的放大作用。基极电流微小的变化可以控制集电极电流较大的变化。

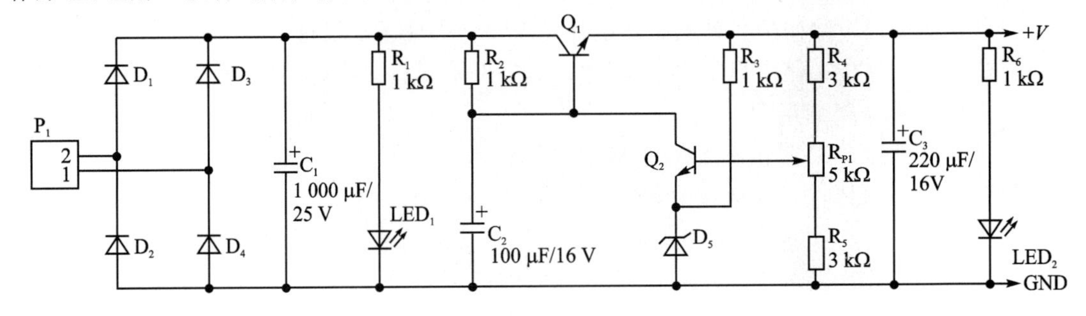

图4-4　串联型直流稳压电路

③ 电路的制作及步骤。该电路所有元器件安装在一块大小合适的万能板上，先在一张稿纸上画出此电路的布局布线草图，可参考如图 4－5 所示的布局布线图的方式进行设计，按布局草图在万能板上搭接元器件，检查无误后，按照正确的布线要求进行焊接。插件时注意发光二极管和电解电容器的正负极，不能装反。注意两个三极管的引脚排列，不能搞错引脚。遇到需要跳线时，可用跳线连接处理。焊接工艺符合基本要求，不能出现虚焊、漏焊、假焊、短路及断路等现象。输入、输出用导线连接。

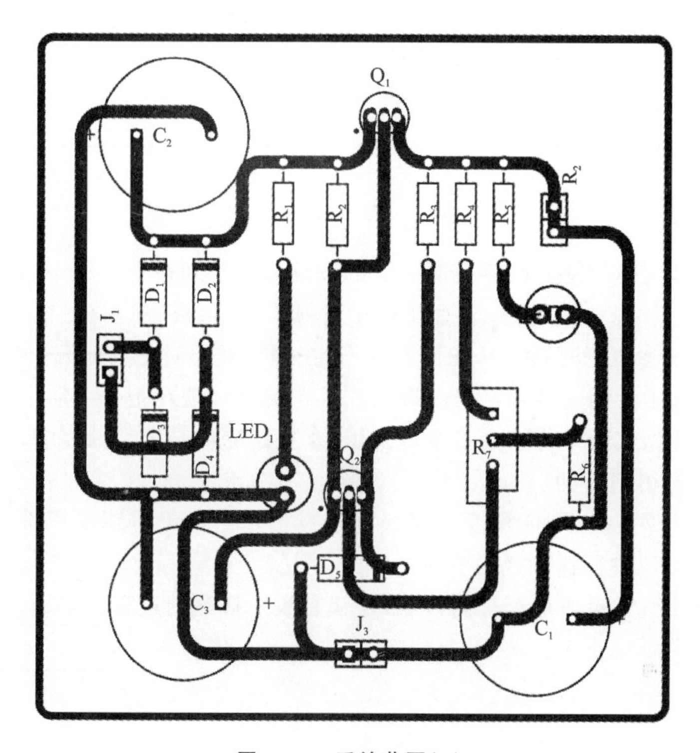

图 4－5　手绘草图(2)

四、调　试

制作完成的作品如图 4－6 所示。

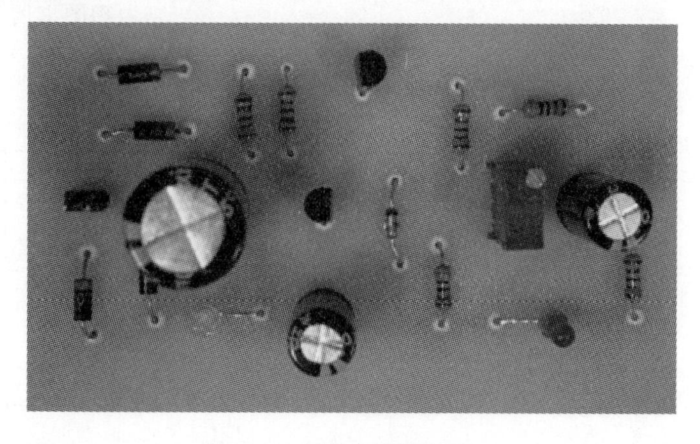

图 4－6　制作完成的作品(2)

① 上电前的检查。元器件是否有装插错误，布线是否正确，焊点是否有虚焊、漏焊、假焊、短路及断路等现象。用数字万用表R * 1 k挡检测电源输入、输出端子，集成块输入、输出端是否有严重的短路现象。一般情况下电阻均在数千欧以上。

② 在电路输入端子两端，输入一个小于12 V的交流电压后，两个发光二极管发光，调节多圈精密电位器R_{P1}，输出直流电压应该连续变化，说明电路良好。

③ 用实验室仪器测量表4-4所列各点电压及波形，并填入表中。

表4-4　串联型直流稳压电源的检测电压数据(V)及波形

P_1两脚	P_1两脚波形	C_1两脚	C_1两脚波形	Q_{1B}	Q_{2B}	Q_{2E}	$+V_{CC}$范围

五、设计实验报告

① 请将设计型实验的主要内容按照自己的设计思路写到报告手册中，其中包括自己如何理解电路原理，如何构思整个过程，选择哪种方式制作(面包板、洞洞板、覆铜板)，如何手绘实物接线图，如何设置参数，如何焊接，如何调试等，在遇到问题时是如何解决的。

② 自己在设计中绘制的各种电路图以及作品图均需体现在报告手册中。

③ 在本次设计型实验中你学到了哪些知识，掌握了哪些技能，有哪些收获，还有哪些不懂的，希望在哪些地方得到帮助。

④ 在本次设计型实验中，你是否将模拟电子技术理论知识运用到了设计作品中，具体运用了哪些知识点，可以进行详细说明分析。

⑤ 在本次设计型实验中是否有创新点，是否有故障排除的过程，如果有，可以详细说明。

实验三　双声道 10 倍音频前置放大电路的安装与调试

一、设计实验目的

① 认识常见双运算放大电路 NE5532 封装及引脚分布。

② 理解同相放大、反相放大的工作原理。

③ 理解 NE5532 电压放大电路的直流负反馈和交流负反馈。

④ 学会 NE5532 双声道音频前置放大电路的安装与调试方法。

二、所需材料

所需材料列表如表 4－5 所列。

表 4－5　材料列表(3)

序　号	名　称	规　格	数　量	序　号	名　称	规　格	数　量
1	芯片	NE5532	1	6	底座	IC8	1
2	3296 精密电位器	100 kΩ	2	7	洞洞板或覆铜板		1
3	电阻器	10 kΩ	4	8	排针		若干
4	电解电容器	47 μF	4	9	导线		若干
5	瓷片电容器	0.01 μF	2				

注:以上材料仅供参考,学生可以根据个人设计情况使用不同参数的元器件。

三、实践内容及步骤

① 元器件的识别与检测。清点并检测发放的所有元器件,有漏发、错发、质量不好的,请及时提出并给予更换,以确保待装的每一个元器件都是完好的。

② 识读、绘制及理解提供的电路原理图(见图 4－7)。识读电路原理图上所有元器件符号;按照画原理图的要求,将电路元器件端子接线图用铅笔画到白纸上;用同相和反相比例放大电路工作原理对电路进行分析。

③ 电路的制作及步骤。该电路所有元器件安装在一块大小合适的万能板上,先在一张稿纸上画出此电路的布局布线草图,可参考如图 4－8 所示的布局布线图的方式自行设计,按布局草图在万能板上搭接元器件,检查无误后,按照正确的布线要求进行焊接。插件时,注意 NE5532 的引脚排列,不能安装错误,电解电容器的正负极不能装反。遇到需要跳线时,可用跳线连接处理。焊接工艺符合基本要求,不能出现虚焊、漏焊、假焊、短路及断路等现象。输入、输出可用导线连接。

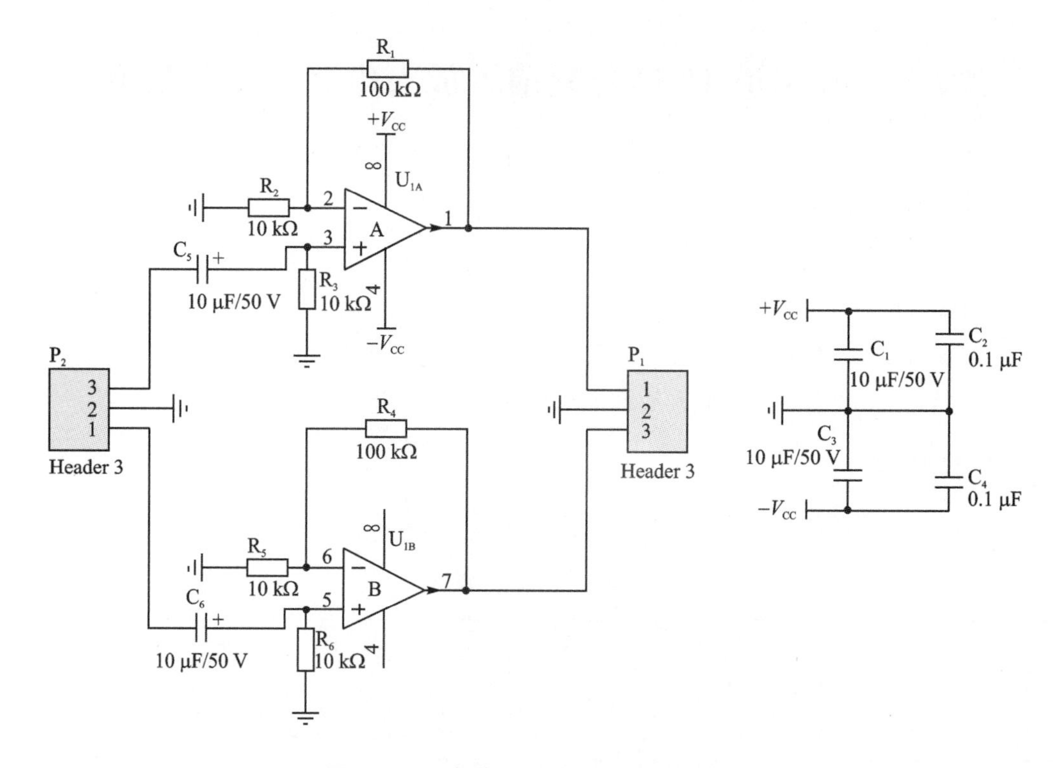

图 4-7　双声道 10 倍音频前置放大电路

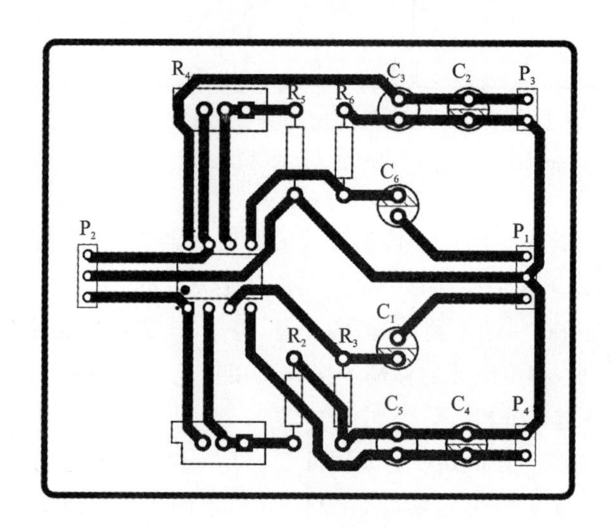

图 4-8　手绘草图(3)

四、调　试

制作完成的作品如图 4-9 所示。

① 上电前的检查。元件是否有装插错误,布线是否正确,焊点是否有虚焊、漏焊、假焊、短路及断路等现象。检查+V_{CC} 与 GND 之间,GND 与−V_{CC} 之间的电阻器是否有短路现象,若

发现有短路的，则不允许上电，需要再做检查处理。一般检测电阻器的阻值均在数千欧以上。

② 输入直流电压 12 V。

- 静态调试：保证没有信号输入和不接负载的情况下上电，反复调节电位器 R_{P1} 和 R_{P2}，使 Q_6 发射极电压约为 $1/2V_{CC}$。Q_6Q_7 静态工作电流约 20 mA。
- 动态调试：输入 1 kHz 测试正弦波信号，接通喇叭，用示波器测试输出端的波形，如果有失真，则反复调节电位器 R_{P1} 和 R_{P2} 使失真最小。

图 4－9　制作完成的作品(3)

③ 调试声音。

接入函数信号发生器，使输入信号为 $f=1$ kHz，$U_i=1$ V 的正弦波，调节电位器 R_{P1} 和 R_{P2} 使此时输出电压 U_o 为 1 V 左右，接通喇叭，喇叭会发出嘟嘟嘟的声音，要求背景噪声小，耳朵基本听不到噪声为根本要求。

保持 U_i 的大小不变，改变输入信号 U_i 的频率，可以清晰地听到音调变化，观察随 f 改变输出电压 U_o 波形的改变情况。将测试结果填入表 4－6 中。

表 4－6　幅频特性

f/Hz						1 kHz					
U_o/V											

五、设计实验报告

① 请将设计型实验的主要内容按照自己的设计思路写到报告手册中，其中包括自己如何理解电路原理，如何构思整个过程，选择哪种方式制作（面包板、洞洞板、覆铜板），如何手绘实物接线图，如何设置参数，如何焊接，如何调试等，在遇到问题时是如何解决的。

② 自己在设计中绘制的各种电路图以及作品图均需截屏体现在报告手册中。

③ 在本次设计型实验中你学到了哪些知识,掌握了哪些技能,有哪些收获,还有哪些不懂的,希望在哪些地方得到帮助。

④ 在本次设计型实验中,你是否将模拟电子技术理论知识运用到了设计作品中,具体运用了哪些知识点,可以进行详细说明分析。

⑤ 在本次设计型实验中是否有创新点,是否有故障排除的过程,如果有,可以详细说明。

实验四　呼吸灯的制作

一、设计实验目的

① 巩固练习检测三极管及其他常用元器件的好坏。

② 理解三极管在电路中的作用。

③ 掌握 LM358 在电路中的作用。

④ 练习使用示波器检测电压波形。

二、所需材料

所需材料列表如表 4－7 所列。

表 4－7　材料列表(4)

序　号	名　称	规　格	数　量	序　号	名　称	规　格	数　量
1	整流二极管	1N4007	1	8	NPN 三极管	9014	1
2	发光二极管	3 mm 红	4	9	双运算放大器	LM358	1
3	电阻器	30 kΩ	1	10	电解电容器	22 μF	1
4	电阻器	47 kΩ	3	11	8 脚底座		1
5	电阻器	100 kΩ	1	12	排针		若干
6	电阻器	100 Ω	2	13	洞洞板或覆铜板		若干
7	精密电位器	50 kΩ	1	14	导线		若干

注:以上材料仅供参考,学生可以根据个人设计情况使用不同参数的元器件。

三、实践内容及步骤

① 元器件的识别与检测。清点并检测发放的所有元器件,有漏发、错发、质量不好的,请及时提出并给予更换,以确保待装的每一个元器件都是完好的。

② 识读、绘制及理解提供的电路原理图(见图 4－10)。识读电路原理图上所有元器件符号;按照画原理图的要求,将电路元器件端子接线图用铅笔画到白纸上;分析该电路整个工作状态,它是如何让指示灯产生呼吸现象的。

③ 电路的制作及步骤。该电路所有元器件安装在一块大小合适的万能板上,先在一张稿纸上画出此电路的布局布线草图,可参考以下的布局布线图(见图 4－11)的方式进行自己设计,按布局草图在万能板上搭接元器件,检查无误后,按照正确的布线要求进行焊接。插件时,注意 LM358 的引脚排列,不能安装错误,电解电容器的正负极不能装反。遇到需要跳线时,可用跳线连接处理。焊接工艺符合基本要求,不能出现虚焊、漏焊、假焊、短路及断路等现象。输入、输出可用导线连接。

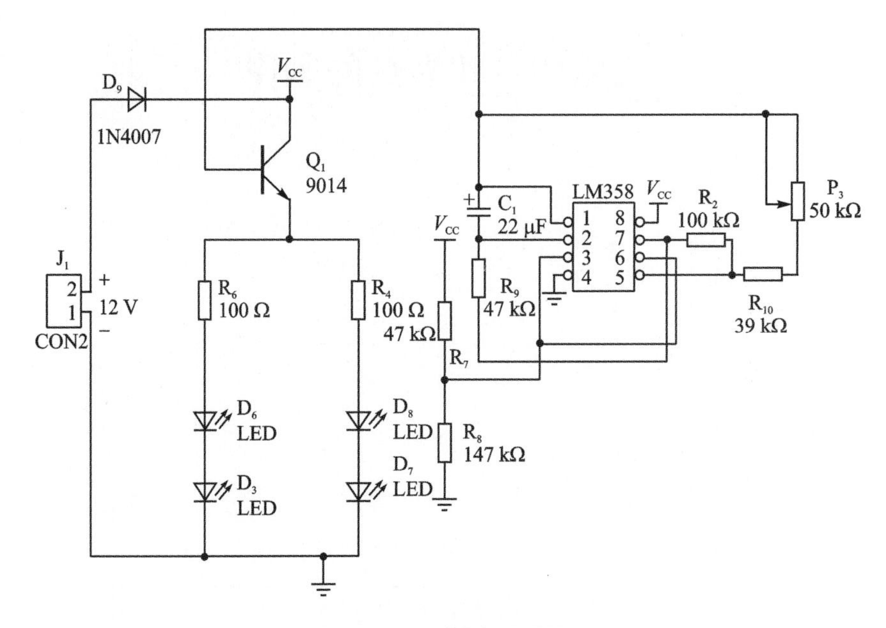

图 4-10　呼吸灯原理图

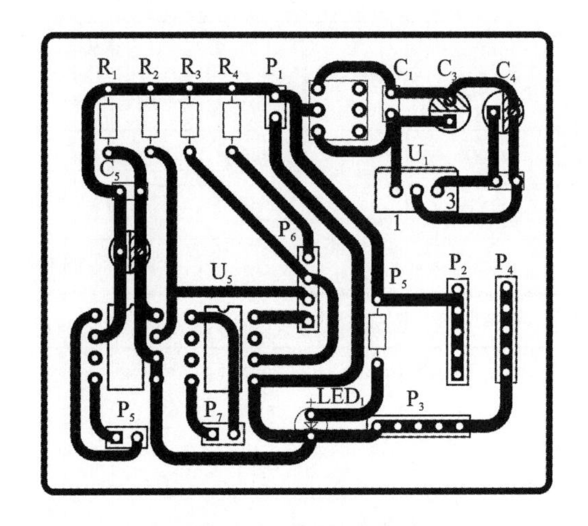

图 4-11　手绘草图(4)

四、调　试

制作完成的作品如图 4-12 所示。

上电前检查观看布线是否正确，焊点是否合理，发现错误及时更改；用数字万用表检查直流电源输入两端子之间的电阻，看是否有短路现象，发现有短路的，不允许上电，需要再检查处理。保证线路的正确连接，使 J_1 为＋12 V，改变电位器 R_3 阻值，使 LED 能明显出现延时闪烁，观察并记录 LED 整体闪烁一个周期的时间。观察 LM358 的 1 端和 7 端的波形。

记录表 4-8 所列的数据。

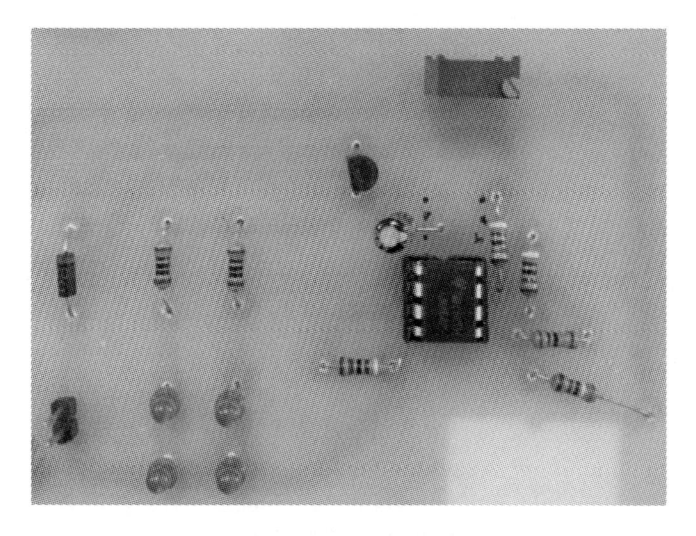

图 4-12　制作完成的作品(4)

表 4-8　LM358 的 1 端波形图的各参数

可调电阻器阻值	T_1/ms	T_2/ms	周期 T/ms	频率/Hz	波峰/V	波谷/V	V_{P-P}/V
最小值 0 kΩ							
中间值							
中间值							
最大值 50 kΩ							

把你看到的 LM358 的 1 端和 7 端的波形图绘制出来。

五、设计实验报告

① 请将设计型实验的主要内容按照自己的设计思路写到报告手册中，其中包括自己如何理解电路原理，如何构思整个过程，选择哪种方式制作(面包板、洞洞板、覆铜板)，如何手绘实物接线图，如何设置参数，如何焊接，如何调试等，在遇到问题时是如何解决的。

② 自己在设计中绘制的各种电路图以及作品图均需截屏体现在报告手册中。

③ 在本次设计型实验中你学到了哪些知识，掌握了哪些技能，有哪些收获，还有哪些不懂的，希望在哪些地方得到帮助。

④ 在本次设计型实验中，你是否将模拟电子技术的理论知识运用到了设计作品中，具体运用了哪些知识点，可以进行详细说明分析。

⑤ 在本次设计型实验中是否有创新点，是否有故障排除的过程，如果有，可以详细说明。

实验五　音响放大器的装配

一、设计实验目的

① 了解音响放大器内部电路工作原理。

② 掌握外围电路的设计与主要参数测试方法。

③ 掌握音响放大器的设计方法与电子线路系统的装调技术。

④ 认识LM324、AN7112的封装,清楚其引脚与参数。

二、所需材料

所需材料列表如表4-9所列。

表4-9　材料列表(5)

序　号	名　称	规　格	数　量	序　号	名　称	规　格	数　量
1	集成块	LM324	1	11	电解电容器	220 μF	2
2	集成块	AN7112	1	12	电解电容器	100 μF	1
3	电位器	470 kΩ	2	13	电解电容器	47 μF	2
4	电位器	10 kΩ	2	14	电解电容器	10 μF	8
5	电阻器	100 kΩ	1	15	磁片电容器	501(500 pF)	1
6	电阻器	47 kΩ	3	16	磁片电容器	201(200 pF)	2
7	电阻器	39 kΩ	2	17	磁片电容器	103(10^4 pF)	3
8	电阻器	15 kΩ	1	18	磁片电容器	683(6.8×10^4 pF)	1
9	电阻器	10 kΩ	8	19	洞洞板或覆铜板		1
10	电阻器	47 Ω	1	20	导线		若干

注:以上材料仅供参考,学生可以根据个人设计情况使用不同参数的元器件。

三、实践内容及步骤

① 元器件的识别与检测。清点并检测发放的所有元器件,有漏发、错发、质量不好的,请及时提出并给予更换,以确保待装的每一个元器件都是完好的。

② 识读、绘制及理解提供的电路原理图(见图4-13)。识读电路原理图上所有元器件符号;按照画原理图的要求,将电路元器件端子接线图用铅笔画到白纸上。音响放大器是一个小型电路系统,安装前要对整机线路进行合理布局,一般按照顺序一级一级布线,功放级应远离输入级,每一级的地线尽量接在一起,连线尽可能短,否则很容易产生自激。

③ 电路的制作及步骤。该电路所有元器件安装在一块大小合适的万能板上,先在一张稿纸上画出此电路的布局布线草图,可参考以下的布局布线图(见图4-14)的方式进行自己设计,按布局草图在万能板上搭接元器件,将音频放大集成电路AN7112插好,以确定方位,再装配AN7112周围的电阻器和电容器。将放大集成电路LM324插好以确定方位,再装配LM324周围的电阻器和电容器。将所有的地线和电源的负极连在一起,并且用黑线接出来。

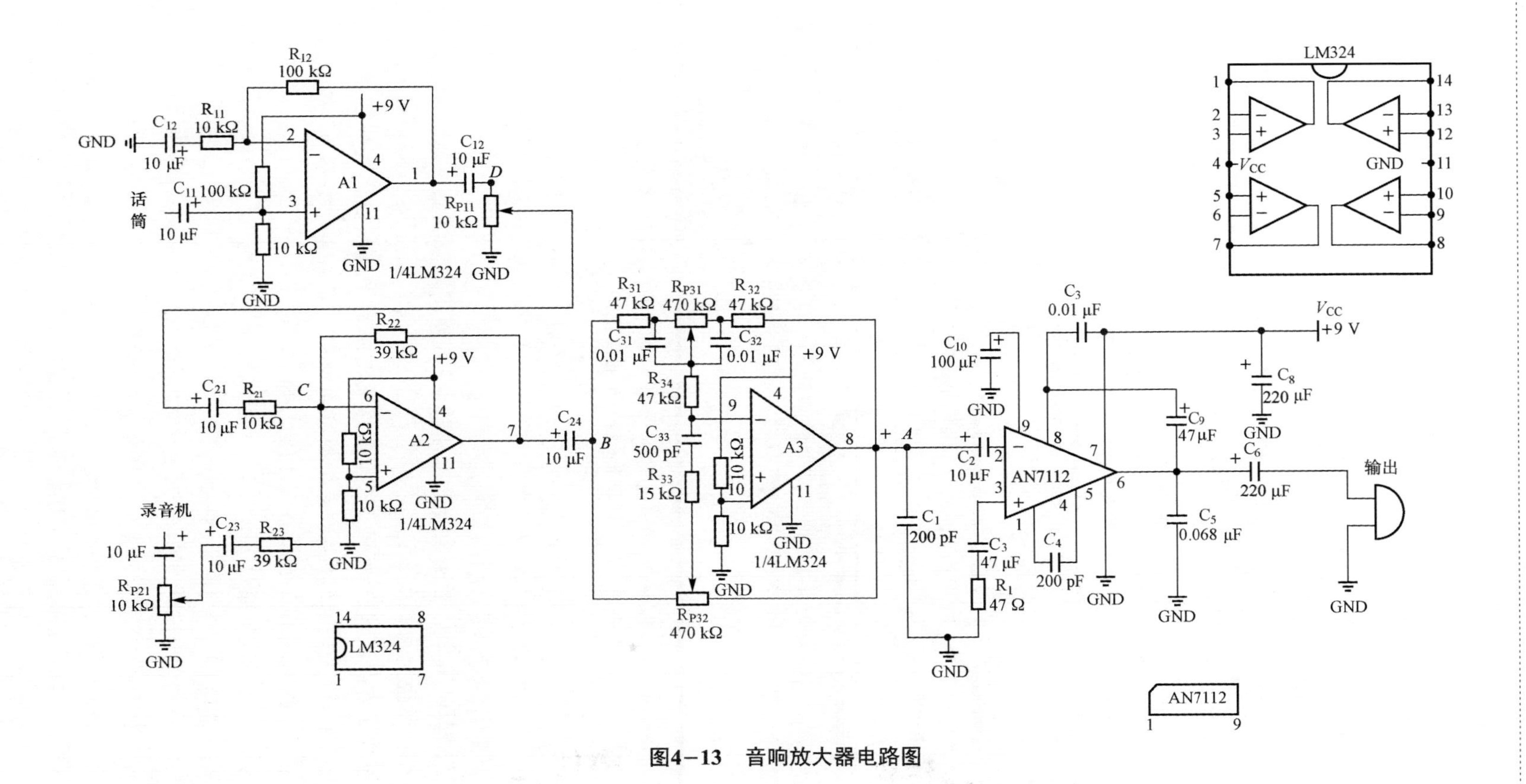

图4-13　音响放大器电路图

将所有的电源正极(+9 V)连在一起,并且用红线接出来。插件时,注意功放块、运算放大器、电解电容器等主要器件的引脚和极性,不能接错,遇到需要跳线时,可用跳线连接处理。焊接工艺符合基本要求,不能出现虚焊、漏焊、假焊、短路和断路等现象。

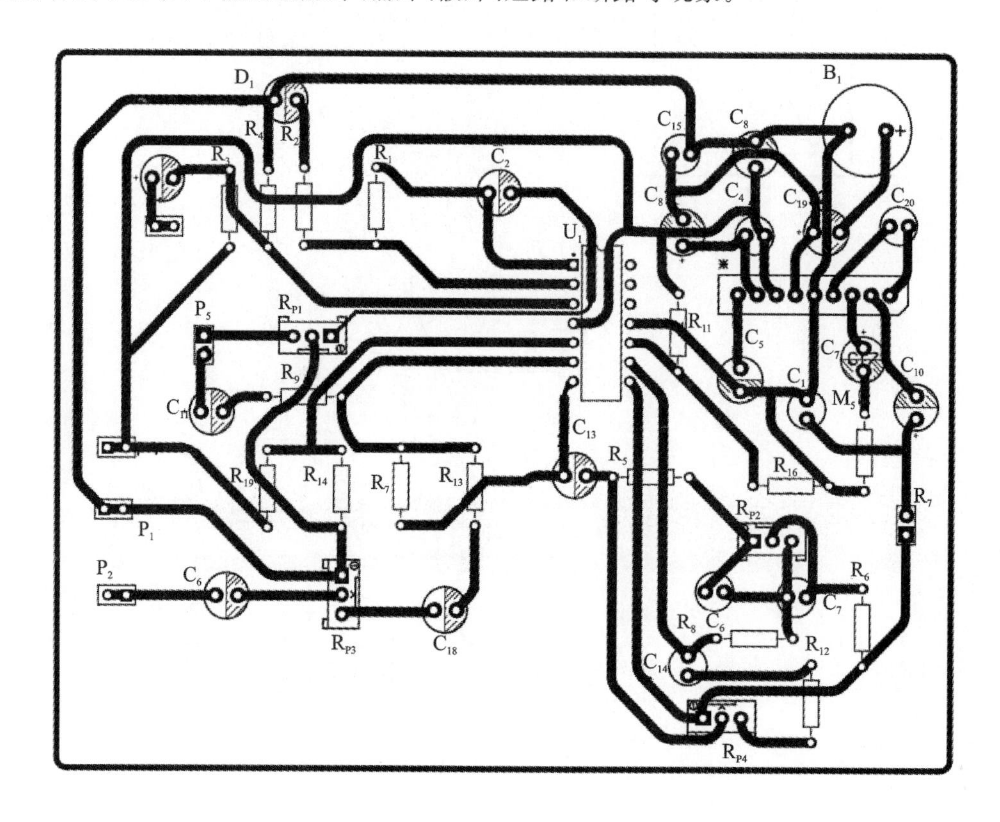

图 4-14 手绘草图(5)

四、调 试

制作完成的作品如图 4-15 所示。

① 校准电源电压9 V,检查电路无故障后,在音频放大集成电路AN7112的输出端与地端之间接上喇叭,再接上9 V电源。

② 检查集成电路的静态电压。先检查集成电路有无特别发烫的现象,如果有,则说明电路有短路的现象,应先关断电源,检查出故障再通电。然后再用数字万用表的DCV20V挡检查各集成块的对地电压,误差在20%以内为正常。

③ 在音频放大集成电路AN7112的2端与地之间接信号,$f=1\ 000$ Hz ,$V_i=1$ V,正常情况下喇叭应有"嘟嘟"声。

④ 在"录音机"端加信号,将电位器 R_{P11} 调到最大位置,在"录音机"端与地端之间加信号,$f=1\ 000$ Hz ,$V_i=0.5$ V,正常情况下喇叭应有"嘟嘟"声。

⑤ 在"话筒"端加信号,将电位器 R_{P22} 调到最大位置,在"话筒"端与地端之间加信号,$f=1\ 000$ Hz ,$V_i=0.5$ V,正常情况下喇叭应有"嘟嘟"声。

⑥ 测试幅频特性时,将电位器 R_{P11}、R_{P22} 调到中间位置,输出端并接毫伏表,在"录音机"

图 4－15　制作完成的作品(5)

端加信号 $V_i=0.5$ V，按表 4－10 所列变化频率，记录输出电压值。

表 4－10　幅频特性

频　率	20 Hz	100 Hz	5 000 Hz	1 kHz	2 kHz	5 kHz	10 kHz	15 kHz	20 kHz
U_o/V									

五、设计实验报告

① 请将设计型实验的主要内容按照自己的设计思路写到报告手册中，其中包括自己如何理解电路原理，如何构思整个过程，选择哪种方式制作(面包板、洞洞板、覆铜板)，如何手绘实物接线图，如何设置参数，如何焊接，如何调试等，在遇到问题时是如何解决的。

② 自己在设计中绘制的各种电路图以及作品图均需截屏体现在报告手册中。

③ 在本次设计型实验中你学到了哪些知识，掌握了哪些技能，有哪些收获，还有哪些不懂的，希望在哪些地方得到帮助。

④ 在本次设计型实验中，你是否将模拟电子技术理论知识运用到了设计作品中，具体运用了哪些知识点，可以进行详细说明分析。

⑤ 在本次设计型实验中是否有创新点，是否有故障排除的过程，如果有，可以详细说明。

参考文献

[1] 孙淑艳. 模拟电子技术实验指导书[M]. 北京:中国电力出版社,2009.
[2] 周开邻,等. 模拟电路实验[M]. 北京:国防工业出版社,2009.
[3] 周淑阁,等. 模拟电子技术实验教程[M]. 南京:东南大学出版社,2008.
[4] 吴飞青,等. 电工电子学实践指导[M]. 北京:机械工业出版社,2012.
[5] 陶桓齐,等. 模拟电子技术[M]. 武汉:华中科技大学出版社,2007.
[6] 于卫. 模拟电子技术实验及综合实训教程[M]. 武汉:华中科技大学出版社,2008.